山地城市与平原城市多中心结构比较研究

——以重庆、成都为例

段亚明　著

黄 河 水 利 出 版 社

·郑 州·

图书在版编目(CIP)数据

山地城市与平原城市多中心结构比较研究:以重庆、成都为例/段亚明著. --郑州:黄河水利出版社,2024.8. --ISBN 978-7-5509-3956-1

Ⅰ. TU982.271.9; TU984.271.1

中国国家版本馆 CIP 数据核字第 20240RY608 号

策划编辑:陶金志　电话:0371-66025273　E-mail:838739632@qq.com

责任编辑	景泽龙	责任校对	杨秀英
封面设计	李思璇	责任监制	常红昕

出版发行　黄河水利出版社

地址:河南省郑州市顺河路 49 号　邮政编码:450003

网址:www.yrcp.com　E-mail:hhslcbs@126.com

发行部电话:0371-66020550

承印单位　河南新华印刷集团有限公司

开　　本　787 mm×1 092 mm　1/16

印　　张　8

字　　数　150 千字

版次印次　2024 年 8 月第 1 版　2024 年 8 月第 1 次印刷

定　　价　58.00 元

前　言

随着我国城市化进程的高速推进,经济的快速发展和人民生活水平的显著提升已成为不争的事实。然而,这一进程也不可避免地带来了交通拥堵、环境污染等“城市病”问题,这些问题的解决对于实现城市的可持续发展具有重要意义。在这一背景下,国家出台了一系列重要决策和政策,旨在引导城市发展方式的转变和城市空间结构的优化。习近平总书记在多个场合强调了城市规划的重要性,指出城市规划要科学合理,要注重生态保护和历史文化传承,促进城市的和谐发展。

在这样的大背景下,本书应运而生,旨在深入探讨和分析我国城市化进程中的多中心规划策略,特别是山地城市与平原城市在多中心结构形成与发展上的差异性。本书出版的目的在于为城市规划者、决策者以及相关领域的研究者提供一个全面、深入的研究成果,以期为促进我国城市的健康有序发展提供参考和启示。

本书的特色和特点在于,它不仅综合运用了地理空间分析、形态分析等多种方法,而且采用了城市大数据研究的新兴手段,从多维视角对山地与平原城市的多中心结构进行了细致的识别和比较。特别是以重庆、成都主城区为研究区域,利用高德地图 POI、腾讯宜出行热力图等现代技术手段,以一个全新的视角来观察和理解城市多中心结构的形态与功能。

本书的研究成果与当前学术界的研究热点紧密关联,对多中心结构的识别、空间绩效分析以及规划效果的评价等方面都进行了深入的探讨。同时,本书也指出了重庆、成都在多中心发展中存在的问题,如空间发展不平衡、交通拥堵等,并提出了相应的解决策略和建议。

在本书的撰写过程中,我们深知城市发展是一个复杂而多元的课题,我们的研究可能还存在不足之处,敬请读者和同行批评指正。我们相信,通过不断的研究和探索,能够更好地理解城市发展的规律,为建设更加美好的城市贡献智慧和力量。

作　者

2024 年 6 月

目 录

第1章　概　述

本章主要明晰多中心以及山地城市、平原城市的概念，介绍多中心测度方法与多中心结构的形成原因，提出现阶段多中心研究的不足，进而为本书的研究切入点提供理论基础。

1.1　多中心

多中心通常指由多个不同等级、规模与职能的城市中心构成、具有多向功能联系的城市空间结构。该理念最早起源于 Howard 的田园城市理论，是应对交通拥堵、环境恶化等城市病所提出的城市发展策略，即当城市发展到一定规模后应限制其增长，并引导其相邻的中心代替城市增长的职能。1945 年，多中心结构理论由以 Harris 与 Ullmann 为代表的芝加哥学派正式提出，该理论认为城市内部结构包含主要经济胞体中心商业区（CBD）、次要经济胞体（主要包括城市形成前的次级中心地与形成城市过程中的其他成长点），这些次要经济胞体随着城市工业、服务业、交通网的发展而发展，其中区位占优的最终成长为中心商业区，其余则发展成次级或外围商业中心与工业区。20 世纪 80 年代，通信技术与交通工具的进步，推动了城市专业化副中心与郊区化的形成，人们对多中心间的功能联系日益关注。多中心也逐步发展成为涉及地理、经济、社会、政治等多个方面的动态概念。目前，东西方学者对于多中心的解读主要包含形态与功能两个方面：形态学的多中心主要指在一定区域内，具有两个或两个以上的要素集聚中心（如人口、就业、产业分布、土地利用特征、价格、灯光强度等），该中心可以是相对独立的城镇、商务中心或城市组团；功能上的多中心主要指不同城镇、中心、组团间的网络结构与功能联系，如城市组团内部的职住平衡、各中心间信息交流（电话、会议、电子邮件）与产业结构的互补。多中心结构兼具集聚与分散的优势，既发挥了各城市中心的集聚功能，又避免单个中心由于人口和经济要素过度集中引起的外部性。需要说明的是：形态上的多中心并不意味着各中心间的功能互补，多中心作为一个动态概念，随着城市的发展，集聚、离心、再融合等现象可能交替出现。

多中心也具有很强的尺度依赖性，其根据研究尺度不同，可划分为城市区域多中心与城市内部多中心:第一类是将城市看作区域内部的一个点,进而探究区域内部不同城市构成的多中心网络结构;第二类把城市看作一个面,分析城市内部各中心/组团的结构特征。本书的研究对象与第二类相同,主要关注平原城市与山地城市内部各中心/组团的形态差异。

1.2 山地城市与平原城市

目前不同学科对山地城市与平原城市的划分标准尚未统一,而本书研究以城市为研究对象,因此借鉴传统建筑、城市规划领域中习惯使用的“山地-平原”二元模式,从城市建设用地的地貌特征与地形对城市发展的影响来区别山地城市与平原城市。

山地城市,简称“山城”,国外又称“斜坡城市”或“山坡城市”,以重庆为代表。从建筑角度看,其特点包括城市用地地势起伏大、坡度陡、施工难度大、建设成本高;从城市规划角度看,即修建在相对高度大于200 m,相对高度不大于200 m但平均坡度大于5%,城市空间布局受山体影响十分明显,或尽管城市建设选址在地势平坦区域,但周围有明显山地地貌,并对城市扩展方向、空间组织、交通规划、气候、环境及其发展产生重要影响的城市。

平原城市,以北京、成都为代表,多位于我国平原地区,地势平坦易于建设,城市发展基本不受地形限制,但在垂直方向上的空间层次不如山地城市丰富。从城市规划的角度看,除区域性交通走廊与社会风俗习惯外,城市建设用地条件大体相同,均具备均匀布局的特点,交通网络以棋盘式为主。

1.3 多中心测度研究进展

1.3.1 国外研究进展

国外多中心研究起步较早,多基于人口统计数据,从就业视角识别多中心结构。研究方法主要包括以下几种:

(1)阈值法。该方法操作简单、应用较为广泛。通过设置特定参数,符合指标要求并相邻的连续区域被视为就业(次)中心。如Greene(1980)认为就业密度为整体平均水平的2倍即可成为就业次中心。也有学者将密度阈值设置为 10 人/acre[1] 且总就业岗位超过 10 000 人的连续地域，但随着城市人口的持续增长，原密度阈值门槛相对偏低，不能有效识别多中心结构。因此，McDonald(1990)与 McMillen(1998)根据识别效果与当地经验将该指标调整为原来的 2 倍。从整体来看，设置绝对参数仅能对基于截面数据得出的就业中心进行横向对比，但由于指标设置主观性较强，往往缺乏说服力，而相对阈值既可兼顾前者，也巧妙地避免了次中心就业岗位增减产生的影响，有利于比较次级中心就业集聚水平的时空变化，在后续研究中受到广泛应用。在最新的研究中，Aguilar 等(2016)将就业中心的门槛设置为就业密度大于整体均值与标准差的和且第三产业就业岗位密度高于平均值，并基于 1989—2009 年就业统计数据对墨西哥城就业次中心的空间变化进行研究，发现该地区多中心体系非均衡发展特征明显，主中心就业占比虽然有所下降，但总量远超其他中心，部分次中心中产阶级化，城市区边缘的次中心低收入化，多中心体系内部出现以西部富人区与东部穷人区为代表的收入隔离，部分制造业中心专业化与去工业化现象并存。

(2)参数模型。此类模型均描绘了人口密度在偏离城市中心过程中的衰减规律。其优点在于将空间信息(如距离因素)纳入分析模型，利用基于统计学的参数回归与显著性检验增强模型的说服力，从而提高研究结果的可信度。主要包括负指数模型(Clark, 1951)、正态模型(Tanner, 1961)、负幂指数模型(Smeed, 1961)、二次指数模型(Newing, 1969)、多核心模型等。上述模型在实际应用中需要对研究区有一定的了解，并通过本地经验、研究数据的空间分布、阈值法或探索性空间数据分析等方法确定潜在的城市主、副中心位置，最后利用上述模型对结果进行验证。Mehdi 等(2018)基于街区尺度就业统计数据，利用 Smeed 模型与探索性空间数据分析对伊朗德黑兰市的多中心结构进行分析，发现 2006—2011 年该地区就业次中心由 3 个增长到 7 个，主中心就业占比明显降低，城市发展分散化。Sweet 等(2017)利用阈值法对加拿大 8 个都市区的就业次中心进行识别，并利用 Newing 模型进行检验，显著性水平为 0.05，发现在多伦多、汉密尔顿、蒙特利尔、温尼伯、温哥华都市区中，主中心占支配地位，而卡尔加里、渥太华与埃德蒙顿的多中心规模相对较小。

(3)非参数模型。与传统参数模型相比，该方法的优点在于不需要提前对全局函数进行设置，可以反映不同方向的人口密度特征，更有利于揭示空间结构的复杂性。第一步，利用非参数方法(局部加权回归)模拟研究区人口密

---

[1] 1 acre(英亩) = 4 840 yd^2 = 0.404 686 hm^2。

度分布，根据密度值的高低，识别潜在的次中心；第二步，借助半参数模型，识别对研究区就业或居住分布产生显著作用的次中心。Miquel-Angel 等（2017）利用非参数模型对巴黎都市区 1986—2010 年就业多中心格局进行分析，发现该区域就业次中心由 1986 年的 21 个增长到 2010 年的 35 个，多中心体系呈星形结构，城市中心就业岗位占比由 45.3%减少到 31.7%，但绝对数量增加，铁路建设提高了城市郊区出现次中心的潜力。

（4）分位数法。此方法的优点是在识别就业次中心时不涉及对就业密度集中趋势的最佳拟合估计，是一种依赖中值类型的估计过程，而不是平均类型；其缺点是就业密度仅与距 CBD 距离相关。Craig 等（2001）利用分位数法对休斯敦就业多中心进行了研究，并探讨了分段线性法与分段二次法的平滑效果。

（5）探索性空间数据分析。包含高/低聚类分析（Getis-Ord General G）、热点分析（Getis-Ord Gi *）、聚类和异常值分析（Anselin Local Moran I）、多距离空间聚类分析（Ripley K 函数）、核密度分析（Kernel Density）等多个空间数据统计工具，可以基于 ArcGIS 软件平台实现。如 Amir 等（2017）利用热点分析工具对美国 365 个都市区进行研究，发现高达 56.7%的城市区域拥有多中心结构，大城市的人口集中度高于中等城市，规模较小的城市以单中心结构为主，研究结果与 Daniel 等（2014）基于探索性空间数据分析得出的结论相似，后者发现多中心城市的就业密度与人均收入更高，而贫困率更低。Gianni 等（2016）利用聚类和异常值分析工具，基于 1 km×1 km 人口密度格网与居住用地矢量数据对米兰都市区多中心结构进行研究，发现研究区以北多中心结构明显，南部则为单中心结构，研究发现单中心结构更容易引起居住用地的破碎化，并且单中心结构发展到一定规模后并不能很好地促进紧凑城市的发展。Ajay（2015）利用局部空间自相关与 Moran 散点图分析洛杉矶都市区 1990—2010 年就业中心的变迁，发现有 21 个次中心出现衰退，26 个次中心出现增长，集聚效应与产业更替对就业中心的增长起着重要作用。

随着智能手机的普及与通信技术的进步，手机信令数据、基于位置服务（LBS）的社交媒体数据等携带人口时空行为信息的大数据被国外学者广泛应用于城市内部的功能多中心研究，主要依据人口在工作日、周末的出行 OD（Origin-Destination）识别城市的就业与居住中心，分析不同中心边界、腹地与通勤规律。如 Steven 等（2016）基于通勤统计数据对休斯敦多种体系进行研究，发现次中心就业范围存在部分重叠，就业集中度对城市经济的影响远比单纯的拥挤与集聚之间的权衡更为重要。Oded 等（2015）通过对公共交通刷卡数据进行聚类分析验证了瑞典斯德哥尔摩地区“1主17副”的多中心结构，主中心对就业的吸引力较强。也有学者尝试将动态数据与静态数据相结合，如Ken(2015)利用就业与通勤数据发现南非开普敦市形成了形态上的多中心，但在功能方面表现为单中心结构，去往城市中心的通勤流占多数。也有学者利用通勤数据与经济统计数据通过计量经济模型发现，多中心发展策略对减少意大利城市的碳排放作用效果不明显。

除人口视角外，也有国外学者从土地利用、容积率与产业视角分析多中心城市结构。例如，Jorge等(2016)基于简雅各布的城市活力理论，利用经济、土地、交通等数据构建土地利用混合度综合指标，识别墨西哥城多中心结构，发现主次中心之间规模差距较大，部分中心的跨区通勤较多，次中心的居住/就业职能单一，职住问题有待进一步改善，拥挤、隔离、中产阶级化与过度城市化是多中心系统面临的主要挑战。Taubenboeck(2017)利用遥感手段获取城市建筑三维表面模型，基于容积率视角对德国的科隆、法兰克福、慕尼黑与斯图加特地区的多中心城市结构进行分析，发现除慕尼黑地区外，其他地区多中心结构明显，斯图加特地区的多中心格局更加分散。该结果与Angelika(2015)的研究结论相同，该学者发现就业密度与单位面积内建筑体积有着高度的相关性。Ondrej等(2015)基于POI(Point of Interest)数据利用点模式分析、最近邻分析等方法分析了捷克奥斯特拉瓦市(Ostrava)文化创意产业(文化、营销与广告、打印、出版、建筑)的多中心分布格局。

为了能更全面地反映城市空间结构与演变规律，国外学者也尝试利用多维数据构建综合指标测度多中心城市结构。如Hyungkyoo等(2018)从密度指数、集中化指数、社会网络指数三个维度测算韩国首尔的多中心城市结构，并识别出9个边缘中心与8个郊区次中心。Luca(2018)基于人口普查、土地利用与经济统计数据构建城市蔓延指数，研究1960—2010年雅典与罗马两个城市空间结构的演变，认为多中心发展策略更有利于紧凑城市环境的可持续发展。

1.3.2 国内研究进展

国内多中心测度深受国外研究的影响，在识别方法上具有明显的相似性。在人口方面，Liu等(2017)基于经济普查数据，使用非参数法分析北京市2004—2013年城市结构的演变，发现北京正在从单中心向多中心演变，主中心在多中心体系中占主导地位。该结果与Huang等(2015)基于公司注册数据得出的结果相同，四环内作为北京市的就业中心，包含了58.7%的就业岗位，远高于昌平区、海淀区、仁和、新华、拱辰等副中心。孙斌栋等（2014）使用经济普查与人口普查数据利用非参数法对上海多中心结构进行研究，发现1990—2010年间上海就业呈多中心发展态势，主中心规模不断扩张。除传统就业视角外，也有学者通过多维数据对多中心城市进行分析。张亮等（2017）从人口密度、土地价格、交通设施、灯光强度四个维度，利用剖面分析等方法研究杭州市多中心结构的特征与演化规律。Cai等（2017）利用夜间灯光与微博签到数据，基于非参数法识别北京、上海、重庆三城市多中心结构并提取城市内各中心边界。

近年来，随着网络数据的不断开放与数据抓取技术的成熟，新数据的引入使国内关于城市内部形态多中心识别的研究视角出现明显的多元化特征，研究范围也不仅限于某些特定城市，研究样本明显增多。如陈蔚珊等（2016）基于POI数据利用核密度分析与热点分析方法对广州零售业的空间特征进行分析，发现该地区零售商业设施呈明显的双核分布。浩飞龙等（2018）也利用该数据通过核密度估计、区位熵指数与Ripley's K函数识别长春市商业空间的多中心空间格局与不同商业中心的集聚特征。在全国层面，李娟等（2016）基于百度人口热力图识别我国658个城市的城市中心，发现其中69个具有明显的多中心特征，研究发现大城市的城市中心在规模与发育程度上明显强于小城市且两者差距悬殊。Li等（2018）则基于POI数据利用核密度分析与相对阈值法，对全国285个城市的生活-工作-休闲中心进行识别，发现2009—2014年，全国具有多中心结构的城市由23个增加为35个，从形态上将多中心城市分为相对分散型、相对集中型与绝对集中型，根据城市中心的变化特点将中心分为替代、分裂、融合、新兴、衰退五类。Ma等（2018）利用人口普查、道路网络、POI与微博签到数据，从规模、形态、功能、活力等维度对全国287个城市的空间发展特征进行评价。

在功能多中心识别方面，国内也涌现出众多研究成果。黄洁等（2018）利用地铁刷卡数据，从市辖区、环路、街道三个尺度对北京市居民的通勤规律进行研究，发现三个尺度下乘客流量与流向具有明显的对称性，六环向三环、四环的通勤流占多数，市郊居民对地铁的依赖度最高，郊区地铁网络的发展明显滞后于居民需要。丁亮等（2016）基于手机信令数据对上海市的就业中心进行识别，发现上海主城区就业中心呈“主强副弱”的多中心体系，混合度对职住空间平衡影响较大。丁亮等（2017）也利用手机信令数据对上海中心城区的商业中心进行识别，并分析24个商业中心的腹地与势力范围，发现上海目前的商业中心呈明显的向心集聚，现有规划已经无法满足居民的生活需要，地铁线与黄浦江对商业中心势力范围具有显著影响。李峰清等(2017)在研究中利用人口普查与LBS(基于位置服务)定位数据,从“形”“流”两个层面分析厦门市多中心发展格局,研究发现厦门形成了形态与功能兼备的多中心体系,岛内组团与岛外组团的内部通勤占比最高,形成了良好的空间绩效。

1.4 多中心成因分析

国外学者主要从经济、交通与技术进步等方面解释多中心的形成。在经济方面,学者多基于新城市经济学理论,通过探讨集聚经济与集聚不经济之间的关系分析就业次中心的形成。如Anas等(1998)通过集聚经济对多中心的形成进行解释,认为当城市中心的规模不经济(如租金、通勤成本上涨、交通拥堵等)的负面效应大于规模经济的正面效应时,企业将从城市中心转移,并倾向于靠近其他企业,以获取更多利益(如知识溢出、服务共享等),企业集聚的新节点便会逐渐成长为次中心。Helsley等(1991)也认为在一个不断发展的城市中,副中心产生于生产的外部规模经济和交通运输的规模经济之间的权衡。Fujita等(2011)基于规模报酬递减规律提出多中心演化模型,认为当城市中心的规模报酬为零时,企业将离开原中心并在外围集聚,城市倾向于多中心发展。其他研究也证明了类似结论,Kim(1996)建立了一个可计算的一般均衡模型,验证了交通拥堵和就业地点是内生性的,城市中心的数量随着交通拥堵程度的增加而增加,人口增长最终将规模经济从集中活动中耗尽,城市中心将会均衡分布。McMillen等(2003)在对美国62个大都市地区的研究中发现,就业分中心经济的数量随着人口和通勤成本的增加而增加。Agarwal(2015)在最近的研究中也发现经济增长和产业结构变迁对洛杉矶就业次中心的形成起着重要作用,就业机会较多的中心比就业机会较少的中心经济增长得更快。在交通方面,西方学者普遍认为交通设施的改进,城市内部可达性的提高,促进了多中心结构的发展。Sweet等(2017)对加拿大蒙特利尔的研究中发现,该地区16个次中心中有15个分布在高速公路出口或道路的交叉口附近,6个位于公共交通中转站与机场附近,而优惠的公共服务、土地、税收等政策促进房地产开发向次中心转移。Miquel-Angel等(2017)在对巴黎都市区的研究中发现,城市快速铁路与地铁的建设使潜在节点转变为次中心的概率提高5%~10%。而家用轿车的普及大大提高了家庭和公司在选址方面的灵活性,促进城市更分散地发展,从而促进多中心结构的出现。在技术进步方面,通信方式的多样化使面对面交流的重要性降低,减轻了企业对市中心的依赖，在降低租金与通勤成本及改善工作环境的多重驱使下，企业倾向于在租金较低、环境较好的郊区再集聚。在一些东亚国家，城市发展一直受到国家规划政策的强烈影响。例如，在东京，由政府支持的交通建设通常被认为是一种调控城市发展的手段，对城市的空间结构产生了强烈的影响。在首尔，政府利用国家主导的土地和住房开发建设了多个新城，这在很大程度上促进了多中心城市区域的形成。也有学者发现居民收入的两极分化也间接推动了多中心结构的发展，Aguilar 等（2016）在对墨西哥城的研究中发现当地收入水平的分化导致了富人区与贫民窟的空间隔离，穷人往往在城市边缘聚集。

国内关于多中心成因的讨论除经济、市场因素外，更关注政策工具对城市结构的影响，例如，制度改革、城市规划与基础设施建设等。在制度层面，多数学者认为中国经济改革和市场导向的住房制度改革导致了多中心结构的演变、就业分散化和城市居民向城市郊区转移。1994 年分税制改革后，土地财政成为支持地方经济建设的重要收入来源，地方政府通过土地征收、招拍挂等方式获取城市中心工业用地转变为商业、居住用地产生的增值收益，原城市中心的工业企业转移到城市郊区，进而带动城市外围的经济发展。因此，分税制改革在一定程度上推动了城市中心与郊区的发展，间接促进了多中心的形成。在规划层面，案例研究表明，我国许多城市通过城市规划的引领，实现多中心发展目标。例如，北京、上海等城市为实现产业转移，在郊区建设大型开发区或工业园区；武汉市由于行政区划调整而形成多中心结构。在基础设施方面，由于政府主导了公路、地铁、铁路等基础设施与医院、学校、公园等公共服务设施的规划与建设，这些设施对人口与就业分布、土地价格具有重要影响，因此成为政府调控城市发展、塑造城市结构的重要工具。

1.5 研究评述与切入点

通过对多中心识别研究的系统梳理可以发现，国内外学者主要从“形态”与“功能”两个方面识别多中心结构。在形态方面，主要通过分析不同城市构成要素（人口密度、就业-居住密度、产业分布、价格、土地利用混合度、建筑、灯光强度等）的空间分布格局，描述城市中心的形态与规模。研究方法包括参数模型、非参数模型、探索性空间数据分析、空间插值、核密度分析、剖面分析等。研究数据主要有人口普查、经济普查、统计年鉴、调查问卷、土地利用数据、遥感数据、百度热力数据、基于位置服务（LBS）的社交媒体签到数据等。在功能方面，主要基于“流空间”视角，通过分析城市内部的通勤流（地铁、公交刷卡数据、手机信令数据)、信息流(通话数据),研究不同中心的影响范围、腹地、职住关系、功能均衡与相互联系。研究方法包括:网络分析、引力模型、OD通勤矩阵等。也有学者尝试从“形”与“流”两方面探讨多中心的形态与功能联系。

近年来,随着多中心发展理念的不断推广,相关研究成果不断涌现,但是目前的研究还存在一些不足:第一,国内多中心的实证研究多根据各城市要素的空间分布从整体上表征多中心结构,从城市内部不同职能类型来探索多中心结构的尝试还不多见。第二,基于土地利用混合度视角的多中心识别,研究数据多来源于政府规划部门,获取门槛较高。虽然可以通过对遥感图像进行解译,进而获取土地分类信息,但只能识别城市内部交通、绿化等功能用地,难以对于商业、公共服务、金融等更细致的分类做出准确判断。因此,基于遥感解译的分析结果不能准确反映城市中心复杂的服务功能与城市内部土地利用混合度的空间异质性。第三,在人口多中心识别方面,虽然随着人口普查、高德热力图、公交刷卡、手机信令等多源数据的发展,基于城市人口的多中心分布识别精度得到显著提高,但是由于人口普查数据更新周期长,以行政区为统计单元,尽管其覆盖范围广、基于全样本数据,却无法实时、精确反映城市人口的时空变化特征;高德热力图具有较高的时间分辨率,但由于是分级后的栅格数据,像元取值范围有限(0~255),且使用前需要进行空间矫正,空间分辨率不高,难以精细比较各城市中心的人口集聚程度;地铁、公交刷卡数据记录了城市内部地铁、公交运营状态,能准确反映人口流向,但无法准确反映人口空间分布特征;手机信令数据覆盖了大量城市人口,具有很高的时空精度,能够识别人群出行轨迹与集聚程度,但数据获取成本高、难度大,相关研究也以北京、上海等大城市居多。如何低成本、高效率地获取高时空分辨率下多中心城市内部人口的动态集聚变化有待进一步探究。

考虑到传统数据与常规普查的限制,大数据为上述问题的解决提供新的途径:POI数据是真实地理实体的点状数据,具有空间和属性信息,精度高、覆盖范围广、更新快、数据量大、分类详细的特点,可在探究城市整体空间结构的同时,分不同职能类型对城市中心进行空间识别和定量研究,精细识别城市内部不同功能要素高度的空间分异特征,并基于自身详细的功能分类计算土地利用的混合度。与传统调查方法相比,基于POI大数据对城市中心进行识别研究,可以有效节约调研时间并提高研究精度,很好地解决了遥感解译数据分类不足而规划数据难以获取的难题;腾讯宜出行数据是一种人口分布热力图,通过记录腾讯公司相关在线产品的位置信息,以空间点数据(间隔25 m)的方式给出了人口热力度,具有获取成本较低、空间分辨率较高、实时动态变化的特点,可从人口动态变化角度刻画城市空间结构,弥补了传统普查数据与已有大数据(百度热力、手机信令数据)的诸多不足,从而为定量识别城市内部的人口多中心格局提供了新来源;建筑边界数据来源于电子地图(百度、高德)的三维建筑模型,可基于建筑底面与层数信息计算城市内部不同区域的容积率,从建筑视角分析多中心城市结构。然而,目前基于上述三种数据的多中心研究尚不多见,只有用于识别城市产业分布与社区尺度城市功能划分的零星研究。

在成因分析方面,由于西方多中心城市多发源于平原地带,大多基于规模经济理论分析城市中心的集聚与分散,理论模型中未考虑地形、地貌对城市结构的影响。国内关于多中心形成机制的解释,除经济因素外,更强调政治因素对多中心结构的引领与塑造。有研究指出,山地城市多中心、组团式的结构是在山水阻隔、空间稀缺、生态脆弱等客观环境下的被动选择,也是规划引导下的主动适应,而很多平原城市的地形和生态约束较弱,呈现由内及外的圈层式扩展,其多中心发展更多依赖于空间规划的引导和促进。因此,促进平原城市与山地城市多中心形成的影响因素存在一定的差异,有待进一步探讨。

目前国内学术界对多中心结构的研究主要集中在北京、上海、杭州等东部地区的平原城市。近年来,随着我国改革开放的纵深推进与西部大开发战略的实施,西部地区城市化速度不断加快,城市规模不断扩大,西部地区的城市发展受到了政府与学术界的广泛关注。因此,本书研究将探索新的数据和方法,从多维视角对西部地区山地城市与平原城市多中心形态进行识别与比较,并对多中心形成的主要原因进行深入分析。

第2章　绪　论

2.1　研究背景

2.1.1　多中心成为我国解决城市问题的重要手段

19世纪末，Howard提出田园城市理论，对西方城市发展产生的负面影响进行反思，一个多世纪后的今天，中国多数城市同样面临着相似问题。改革开放以来，中国经济快速增长，并开启世界上规模最大、速度最快的城市化进程，大量农村人口涌入城市，城市建成区面积逐年扩大，城市化率由1978年的17.92%增长到2016年的57.35%，年均增长超过1个百分点。1981—2016年，全国城市人口增加5.91亿人，城市建设用地面积增加4.76万km^2，分别增长为基期年的8.1倍与3.93倍。一方面，城市化促进了我国经济社会的快速发展，为工业化、信息化提供承载空间，对城乡人民收入水平的提高与住房条件的改善作出巨大贡献；另一方面，由于城市化进程中过于注重人口规模与空间扩张，单纯追求以GDP为首要目标的经济增长，忽视经济增长内涵，造成城市建成区"摊大饼"式的空间扩张，核心区城市要素高度集聚，并导致交通拥堵、公共服务设施空间配置失衡、环境污染、热岛效应等一系列城市问题。"多中心"发展策略作为解决上述城市问题的重要手段，既可以疏解单中心结构中过于密集的人口、产业等城市构成要素，又发挥了城市中心的集聚功能，产生规模经济，因此被国外学者称为最理想的城市结构，并被广泛应用于我国大、中型城市的空间规划。重庆作为西部地区唯一的直辖市，多年以来都坚持多中心的发展策略，成都作为西部地区重要的经济中心与四川省的省会，近年来也在积极谋求从单中心向多中心转型，但多中心结构演变是否达到规划预期，能否通过有效途径识别多中心结构和功能，对于规划策略制定具有重要意义。

2.1.2 我国城市发展由增量扩张向存量挖潜转变

回顾改革开放以来的城市发展，多数城市的核心区建立了完善的商业、教育、医疗等公共服务设施，承载绝大部分的城市人口，土地利用高度集约，但由于人口增长过快，核心区建设用地有限，住房、公共服务等设施仍处于短缺状态，房价、就医、儿童入学等问题依旧严峻。而城市外围土地利用低效，出现以低密度住宅、跳跃式工业园区为代表的城市蔓延。随着城市建设边界与基本农田的划定，扩张式的城市增长难以持续，城市内部发展的协调性有待提高。2013 年中央城镇化工作会议明确指出，提高城镇建设用地利用效率，严控增量，盘活存量，建设高效集约的生产空间与宜居适度的生活空间，城市规划要由扩张性规划逐步转向限定城市边界、优化空间结构的规划。2014 年《国家新型城镇规划（2016—2020）》进一步强调转变城市发展方式，优化城市空间结构，提高城市空间利用效率的重要性。2015 年中央城市工作会议明确今后城市发展由外延扩张式向内涵提升式转变，控制城市开发强度，树立“精明增长”“紧凑城市”的发展理念。“十三五”规划更是将转变城市发展方式、科学划定城市开发边界提升到了新的高度，密度较高、功能融合、公交导向的紧凑城市成为今后城市建设的标杆。因此，需要对城市内部结构进行精细研究，以适应当下城市发展的需求。

2.1.3 “大数据”为城市多中心结构识别带来新的机遇

以往多中心城市研究主要依据人口、就业普查和土地利用等官方统计数据，数据获取门槛较高，更新速度较慢，难以适应城市快速发展的要求，而且数据统计单元较大，导致研究结果不够精细，对城市内部发展的指导性不强。随着智能手机的普及、互联网与对地观测技术的进步，人们对高科技产品的依赖逐步加强，由此产生的众多具有高时空分辨率数据海量增长。例如，人口迁徙数据、手机信令数据、交通刷卡数据、人口分布热力数据、空气质量数据、POI 数据、社交网络签到数据、在线 PM2.5 数据、遥感数据等，上述数据具有覆盖范围广、粒度细、更新速度快等特点。在城市空间结构、人口流动、职住平衡、城市交通、城市空气污染等研究领域应用广泛。其中，来源于电子地图的 POI 数据包含城市内部大量的公共服务设施、居住设施等地理实体。与传统数据相比，在相同的研究范围内，利用 POI 数据可以获得更多的样本，可以从更精细的尺度反映多中心城市结构及不同功能设施的空间分布特征。人口热力图则可以反映不同时刻人口的集聚变化，可结合 POI 数据分析城市基础设施布局的均衡性。大数据为城市研究从小范围高精度、大范围低精度向大范围高精度的转变提供可能。因此,“大数据”可以帮助人们更好、更细致、更全面地研究多中心城市结构并发现内部规律。

2.2　研究目标

基于我国目前多中心研究现状,本书期望完成以下三个目标:

(1)利用多源大数据,从POI、混合度、人口与容积率四个维度对西部地区典型山地城市与平原城市多中心结构进行识别,分析重庆、成都多中心发展的形态差异。

(2)基于多中心成因的文献梳理结果,分析重庆、成都多中心发展的主要影响因素,并分析不同因素对两城市多中心形成的作用差异。

(3)总结重庆、成都多中心识别结果,在与城市规划进行对比的基础上,总结两城市多中心规划绩效。

2.3　研究意义

重庆、成都同属于我国西部地区的重要经济中心,是国家中心城市,也是成渝经济区的核心,作为西部地区山地城市与平原城市的典型代表,两个城市的空间发展策略显著不同。重庆作为典型山地城市,受山水格局限制,其多中心、组团式的城市结构在历次城市规划的指导下不断完善。成都作为典型平原城市,其空间发展经历了由单中心、圈层式的发展模式向多中心布局的转换。不同城市发展策略下,多中心空间格局的差异有待探究。两个城市近年来快速的城市扩张、人口流入与空间重构,不仅促使城市不透水面增加、绿地侵蚀、水体减少,也导致城市核心区交通拥堵、公共资源拥挤、个别设施缺乏、环境恶化现象日益突出。

因此,本研究的意义在于:①理论上,丰富城市空间结构研究内容。目前我国多中心研究主要集中在东部平原城市,对西部地区,特别是山地城市,关注较少。本研究尝试以重庆、成都为研究对象,基于多源大数据对比分析西部地区山地城市与平原城市多中心格局的差异和形成原因,进而丰富我国城市空间结构研究内容,为基于多源大数据的多中心研究提供案例参考。②实践上,对成都、重庆城市多中心格局的分析,总结多中心发展的成效与不足,提出相应的提升策略,为合理引导城市人口分布、优化公共设施配置、科学制定空间规划提供政策依据。其发展经验对西部地区其他城市具有重要借鉴意义。同时,城市多中心结构识别也有助于市民更多地认识城市发展现状,为市民职住选择提供参考。

2.4 研究内容

本书主要围绕山地、平原城市多中心结构测度与特征比较、多中心形成的主要原因与多中心规划效果分析三个核心内容开展研究,具体章节安排与内容如下:

第 1 章概述,对多中心、山地城市、平原城市的概念进行界定,梳理国内外多中心识别、多中心成因与机制方面的相关文献,最后对文献进行评述并引出本研究的切入点。

第 2 章绪论,主要阐述本书的研究背景、研究目标、研究意义、研究内容与技术路线。

第 3 章主要介绍本研究的研究区域、研究数据与研究方法。首先介绍研究区具体情况,包括地理位置、自然环境、发展脉络与经济概况;其次介绍本研究的数据及来源;最后对研究中涉及的主要方法与数据处理进行详细介绍。

第 4 章围绕山地城市与平原城市多中心识别与比较开展研究,基于 POI、腾讯宜出行热力图与电子地图建筑边界数据,综合运用核密度分析、分区统计、最近邻分析等空间分析方法,从 POI、功能混合度、人口与容积率四个维度分析重庆、成都多中心城市结构,并从布局、规模与要素集聚三个方面比较两城市多中心发展差异。

第 5 章主要分析山地城市与平原城市多中心形成的主要原因。首先分析了经济发展与产业结构演进对推动多中心演化的作用效果,然后通过梳理重庆、成都历次城市规划,分析规划政策对多中心发展的引领作用,最后比较不同自然环境下重庆、成都多中心发展路径,揭示地形因素是造成重庆成都多中心差异的根本原因。

第 6 章首先通过计算重庆、成都主城区不同中心/组团内部四种维度下高、中集聚(值)区面积占比,比较不同中心/组团的发展水平;在对两城市多中心识别结果进行总结的基础上,通过与现有城市规划进行对比,检验多中心识别与规划效果,并针对研究中发现的问题提出政策建议。

第 7 章对研究方法进行讨论,包括研究的创新点与不足,并对今后的研究进行展望,最后总结本研究的结论。

2.5 技术路线

本研究技术路线如图 2-1 所示。

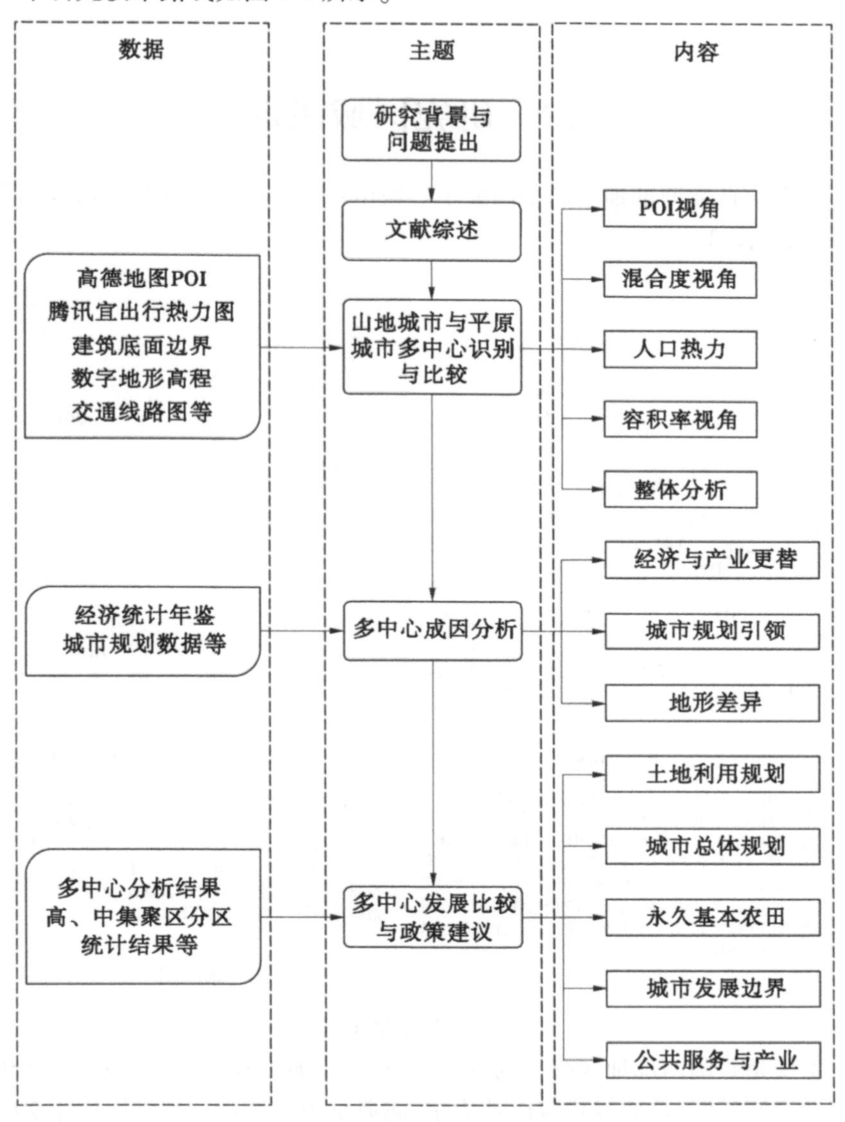

图 2-1 技术路线

第3章 研究区域、数据与方法

3.1 研究区域概况

本研究选取西部地区两个国家中心城市——重庆与成都的主城区作为研究案例，如图3-1所示。

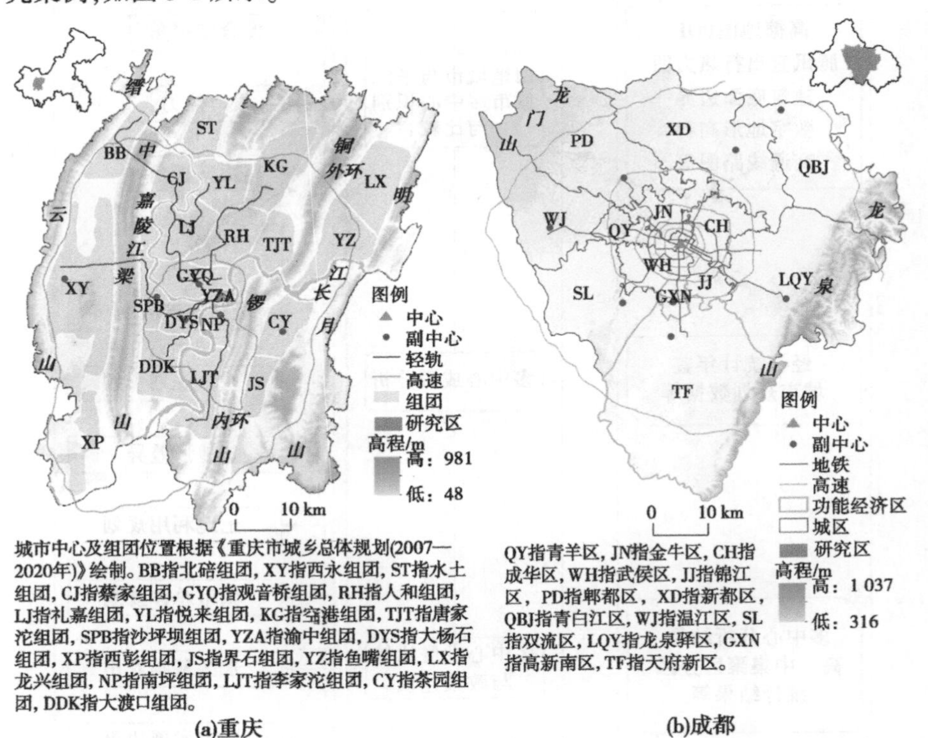

图3-1 研究区范围

重庆是我国西部地区唯一的直辖市，长江上游的经济中心，城市主体位于川东平行岭谷区，地貌以丘陵山地为主，属典型山地城市。主城区位于29°12′59″~29°55′43″N，106°14′50″~106°55′06″E，海拔48~981 m，面积3 161.38

km²,包含渝中区、江北区、南岸区、沙坪坝区、大渡口区、九龙坡区、渝北区、巴南区、北碚区。缙云山、中梁山、铜锣山、明月山四条山脉由南向北嵌入重庆主城。长江、嘉陵江自西向东在渝中半岛交汇。"一岛两江,三谷四脉"构成了重庆主城多中心发展的自然本底。重庆主城发源于渝中半岛的沿江地带,自1890年开埠后,城市逐步跨越两江并向南北发展,并随着交通条件的改善,主城逐步向西扩展。抗日战争时期,为躲避日军轰炸,城市要素纷纷向郊区疏散,由此奠定了重庆"大分散,小集中"的发展模式。新中国成立后的"三线建设"时期,重庆郊区接纳了大批军工企业,为日后重庆的多中心发展奠定了基础。改革开放至今,重庆在历次城市规划中均强调多中心发展策略,从而形成了目前以解放碑为主中心,以沙坪坝、杨家坪、观音桥、南坪、西永、茶园为副中心的多中心城市结构。主城区作为重庆经济发展的核心区域,2017年GDP总和7 569亿元,常住人口865.06万人,以7%的土地面积承载全市39.4%的GDP与28.1%的人口,城市化率达到90%。

成都作为四川省的省会及西部地区重要的中心城市,位于四川盆地西部,是成都平原的腹地,境内地势平坦、水网密布,是典型的平原城市。主城区位于30°13′46″~30°58′02″N,103°41′08″~104°29′30″E,海拔316~1 037 m,面积3 675.34 km²,包括锦江区、青羊区、金牛区、武侯区、成华区、新都区、郫都区、温江区、双流区、龙泉驿区、青白江区等11个行政区与高新南区、天府新区两个功能经济区(在2016版城市规划中两区域合并,研究中称为新天府新区),2017年GDP总和8 972.54亿元,户籍人口811.56万人,以25.65%的土地承载全市64.6%的GDP与56.5%的人口。成都早期筑城于郫江、检江东北部,两江环抱构成城市的基本格局。抗日战争时期,作为重要的后方基地接纳大批沿海企业、学校,城区向古城外扩展。新中国成立后,随着大批工业项目的入驻,城市建设逐步跨越一环。改革开放后,随着经济与人口的快速增长,建成区范围迅速扩大,环状、放射性路网逐步加强,单中心、圈层式拓展的城市格局日益突出。截至1994年,由于主城区居住人口突破规划限制,建设用地及基础设施供应不足,因此1996版城市总体规划在主城区外围新规划7个卫星城,为日后多中心发展铺平道路。2017年,为了增强对近郊卫星城的建设指导,将新都区、郫都区、温江区、双流区、龙泉驿区、青白江区纳入主城规划范围。成都市城乡一体的多中心空间格局初步形成。

3.2 研究数据

本书搜集了成都与重庆主城区地理空间数据，包括城市感兴趣点（POI）、腾讯宜出行热力图、城市建筑边界（附带楼层数）、数字高程模型（DEM）、城市路网、水系、行政边界等。

POI 数据来源于 2017 年 3 月与 9 月通过网络抓取的高德地图 POI 数据。由于 POI 数据主要为导航地图所用，包含了城市中大部分实体对象的空间位置与属性信息，是实体对象在地图上的抽象表示，因此可近似认为 POI 数据包含城市空间中的所有研究对象。在对获取数据进行去重、纠偏与实地调研验证后，分别获得 401 410 个与 753 932 个 POI 数据。最后根据城市的不同功能与已有研究案例并结合高德地图 POI 分类体系，将 POI 数据分为六大类，包括生活服务类、商务类、金融保险类、公共服务类、休闲娱乐类与居住类，如表 3-1 所示。

表 3-1　POI 数据汇总

POI 分类	包含内容	重庆		成都	
		数量/个	比例/%	数量/个	比例/%
生活服务类	餐饮服务、购物服务、生活类设施点	266 022	66. 27	498 651	66. 14
商务类	企业、公司	46 708	11. 64	84 125	11. 16
金融保险类	银行、自动提款机、保险公司、证券公司、财务公司	7 141	1. 78	11 565	1. 53
公共服务类	医疗保健服务、政府机构及社会团体、科教文化服务、交通设施服务	60 317	15. 03	118 221	15. 68
休闲娱乐类	运动场馆、高尔夫场馆及其附属设施、娱乐场所、度假疗养场所、休闲场所、影剧院、公园广场、风景名胜	11 213	2. 79	19 257	2. 56
居住类	住宅小区、别墅、宿舍、其他居住相关楼宇	10 009	2. 49	22 113	2. 93
总数		401 410	100	753 932	100

宜出行数据来源于腾讯位置大数据服务窗口，基于腾讯系列产品大量的用户基数，记录了腾讯 QQ（8 亿）、微信（3.5 亿）、空间（6 亿）、游戏（2 亿）和网页（1.3 亿）等腾讯产品活跃用户的实时位置，可以反映研究区人口的空间分布情况。本书通过 Python 程序抓取 2018 年 3 月 17—23 日连续一周的重庆、成都主城范围内的宜出行热力数据（17、18 日为休息日、19—23 日为工作日），获取间隔为 2 h。原始数据为 CSV 格式，包含 count、经度、纬度、获取时间四个字段，count 字段携带人口热力信息，在使用前利用 ArcGIS10.2 软件根据经纬度信息将原始数据转换为点数据（空间分辨率 25 m）。

其余数据的具体信息见表 3-2。

表 3-2　其他数据汇总

数据名称	数据类型	数据来源
城市建筑边界（2018）	矢量数据	百度地图（爬虫抓取）
数字高程模型（2018）	栅格数据	美国航空航天局官网（NASA）
城市路网（2018）	矢量数据	市交通局
城市行政边界（2018）	矢量数据	市民政局
河流、水网（2018）	矢量数据	高德地图（爬虫抓取）
重庆、成都统计年鉴	文本数据	市统计局
重庆、成都规划文本	文本数据	市规划局

3.3　研究方法

在多中心发展战略的引导下，城市内部设施密度、人口分布及土地利用等均发生明显变化。鉴于目前多中心识别中存在的不足：①缺少不同功能视角的多中心识别；②传统土地利用视角的混合度计算数据获取门槛较高、人工解译分类不够详细；③高时空分辨率下的人口动态视角的多中心识别成本较高。而 POI 大数据与腾讯宜出行热力图分别凭借自身详细的分类与高时空分辨率的优势为上述问题的解决提供了思路，且两类数据获取成本极低、样本量大。由于通过多源大数据识别多中心城市结构，可以增强多中心识别的准确性，因此本书利用 POI、宜出行热力图及城市建筑边界数据，通过 POI 核密度、混合度、人口热力、容积率 4 个指标测度研究区多中心形态。4 个视角分别反映了城市内部的要素分布、功能混合、人口动态集聚与土地利用强度。

3.3.1 POI 视角

(1)基于核密度分析结果探究 POI 数据集聚区。

近年来,核密度分析在城市热点探索方面应用广泛。该方法用于计算空间点、线要素在其周围邻域中的密度,并对密度分布进行连续化模拟,以图像中每个栅格的核密度值反映空间要素的分布特征。本书利用核密度分析法探索研究区整体及不同类型 POI 数据集聚区,根据每个栅格内 POI 核密度值估计其周围密度,并通过对不同搜索半径下的核密度分析结果进行比较,从而选取适合本研究的最优搜索半径。核密度函数计算公式如下:

$$f(x) = \sum_{i=1}^{n} \frac{1}{\pi r^2}\phi\left(\frac{d_{ix}}{r}\right) \tag{3-1}$$

式中:$f(x)$为 x 处的核密度估计值;r 为搜索半径;n 为样本总数;d_{ix} 为 POI 点 i 与 x 间的距离;ϕ 为距离的权重。

(2)基于自然断点法的分类结果分析城市中心影响范围。

"自然断点法"分类是基于数据中固有的自然分组,通过对分类间隔加以识别,在数值差异相对较大处设置边界,对相似值进行恰当分组,使各类之间差异最大化。相关研究表明,不同城市区域的要素集聚程度不同,本书基于 ArcGIS10.2 软件的重分类工具,利用自然断点法对核密度分析结果进行分类,并结合 POI 统计分析结果分析各城市中心的影响范围。

(3)平均最近邻分析。

平均最近邻分析的过程:测算每个 POI 与其最邻近 POI 之间的观测距离,并计算所有最邻近距离的平均值。如果某类 POI 的平均观测距离小于假设随机分布的预期平均距离,则此类 POI 属于集聚分布;反之,属于分散分布。本书利用 ArcGIS10.2 软件的"平均最近邻"工具进行分析,结果包含 5 个值:平均观测距离(d_i)、预期平均距离(d_e)、最近邻指数(R)、z 得分和 p 值。R 值越小,集聚程度越高。由于"平均最近邻"统计工具中零假设为:输入要素属于随机分布,所以需要根据 z 得分和 p 值来判断在一定显著性水平下是否拒绝零假设(见表 3-3)。计算公式如下:

$$R = d_i / d_e \tag{3-2}$$

$$d_e = 0.5 / \sqrt{N/A} \tag{3-3}$$

$$z = (d_i - d_e)\sqrt{\frac{N^2}{A}} \Big/ 0.261\ 36 \tag{3-4}$$

式中:A 为研究区域面积;N 为 POI 总数;当 $|z|>2.58$ 且 $p<0.01$ 时,拒绝"零假设"(z、p 计算结果均证明 POI 数据的集聚分布)。

表 3-3 不同置信度下 z 得分和 p 值取值范围

置信度/%	p 值(概率)	z 得分(标准差)
90	<0.10	<-1.65 或>+1.65
95	<0.05	<-1.96 或>+1.96
99	<0.01	<-2.58 或>+2.58

3.3.2 混合度视角

混合度是培养与反映城市活力的重要指标,国内外学者普遍认为,城市中心由于具有多样的城市功能而汇集大量的就业人口,是城市中最具活力的地区,因此将混合度作为多中心测度的重要指标,在研究中应用广泛。因此,本书基于熵值法,计算研究区不同区域的功能混合度,根据现有研究案例,划分 500 m×500 m 栅格为研究单元。由于详细的分类有利于精确反映城市内部混合度的空间分异特征,因此在研究中采用高德地图原有的 14 个一级分类计算研究区内功能混合度(高德地图一级分类包括餐饮服务、购物服务、生活服务、体育休闲服务、医疗保健服务、住宿服务、风景名胜、商务住房、政府机构及社会团体、科教文化服务、交通设施服务、金融保险服务、公司企业、道路附属设施)。

计算公式如下:

$$M = (-1)\sum_{i=1}^{n}(p_i/p_0)(\ln p_i/p_0) \tag{3-5}$$

式中:i 为 POI 的功能类型;n 为 POI 的功能总数;p_i 为第 i 类 POI 在 500 m×500 m 栅格内的个数;p 为 500 m×500 m 栅格内所有 POI 的总数。

$0<M<1$,M 趋近于 0,表示该地区功能单一,M 趋近于 1,表示该地区功能混合。

3.3.3 人口热力视角

现有研究表明,城市内部人口的日常活动通常以周为单位呈周期性变化,休息日与工作日的人口分布具有一定的差异。因此,本书基于不同时段宜出行数据制作人口热力图,进而分析人口空间集聚特征及多中心分布规律。

(1)基于核密度分析生成宜出行热力图。

由于宜出行原始数据为空间点数据,因此本研究利用 ArcGIS10.2 软件的核密度分析工具对宜出行数据进行还原(population 字段设置为 count),根据不同时段分析结果的峰值分布验证重庆主城多中心城市结构并分析人口空间分布特征。结合已有研究经验及多中心识别的需要,经多次试验(搜索半径分别为 500 m、1 000 m、1 250 m、1 500 m),发现搜索半径为 1 000 m 时,模拟结果更接近腾讯大数据平台的热力分布图。同时,为了更好地反映人口分布规律、降低数据误差,通过栅格计算器对工作日、休息日相同时刻核密度分析结果求平均值。

(2)基于分区统计结果分析城市中心影响范围与重要组团人口集聚变化。

由于不同城市区域的人口集聚程度不同,因此基于 ArcGIS10.2 软件的重分类工具,利用自然断点法识别热力数据中的固有分组,在热力变化最大处设置边界,使分类结果组内热力差异最小、组间最大。结果共分 3 组,取热力值较高的前两组分别命名为高、中集聚区,并根据 ArcGIS10.2 软件的分区统计工具,计算不同区域、不同时段下的热力均值,分析各城市中心的影响范围与不同时段的人口集聚程度。

3.3.4 容积率视角

由于现代城市中心均包含大量商业写字楼与高层住宅,有学者发现单位面积的建筑量与就业密度在空间上具有较高的相关性,因此容积率作为衡量单位面积土地承载建筑量与建筑密度的重要指标,在国外多中心识别中受到广泛应用。本研究利用 Python 程序抓取百度地图重庆、成都主城区范围内的建筑底面边界(附带楼层数),根据现有研究案例,以 500 m×500 m 栅格为统计单元,通过分析容积率的空间分布特征,验证两个城市的多中心结构,计算公式为:

$$r = V/s_0 \tag{3-6}$$

式中:r 为容积率;V 为栅格内总建筑面积; s_0 为栅格面积。

3.3.5 多中心综合测度

考虑到单指标测度所反映的城市中心位置可能存在偏差,因此通过多指标叠加弥补数据采集误差并与单指标识别结果进行相互验证,进而增强多中心识别的说服力。首先将混合度与容积率计算结果重采样为 100 m×100 m

的栅格图像,然后对各个指标进行标准化,使结果分布在 0~1,最后利用栅格计算器对数据进行叠加运算(其余指标的计算结果均为 100 m×100 m 栅格图像)。

标准化计算公式为:

$$C_i = B_i / B_{max} \tag{3-7}$$

式中: B_i 为 POI、混合度、人口热力与容积率计算结果; B_{max} 为各维度计算结果的最大值; C_i 为不同维度标准化后的计算结果。

第4章 山地城市与平原城市多中心结构识别与比较

多中心规划策略在我国受到广泛应用，然而现有研究多关注东部与沿海地区的平原城市，对于西部地区，尤其是山地城市的研究相对缺乏。重庆、成都同属于西部地区国家中心城市，地质地貌截然不同，是西部地区山地城市与平原城市的典型代表，均实行了以多中心为目标的城市规划，多中心规划效果有待检验。本章以重庆、成都主城区为例，利用多源大数据从POI、混合度、人口、建筑四个维度对山地城市与平原城市多中心结构进行验证与比较，分析不同发展背景下山地城市与平原城市多中心结构的形态差异。

4.1 山地城市多中心结构识别

本节将基于POI、腾讯宜出行热力图、建筑底面边界数据，从多维视角识别重庆主城区多中心结构，以期直观体现山地城市多中心发展形态。

4.1.1 POI视角

4.1.1.1 重庆市主城区多中心识别与影响范围分析

1. 基于核密度分析的多中心城市结构识别

根据重庆主城区POI邻近分析结果，研究区POI在空间上呈显著的集聚分布。因此，基于整体POI核密度分析结果的峰值分布探究研究区多中心城市结构。由于不同的搜索半径会导致核密度分析结果表面光滑程度不同，搜索半径越大，结果表面越光滑，因此搜索半径的取值对核密度分析至关重要。根据已有城市研究案例与研究区实际情况，分别设置500 m、1 000 m、1 500 m与2 000 m搜索半径进行对比研究，结果如图4-1所示，随着搜索半径的增大，局部POI集聚区不断融合，核密度等值线的平滑度逐渐提高。内环以内，各POI集聚区有逐渐融合趋势。不同搜索半径的POI集聚区主要沿轻轨线分布，空间位置基本相同，主要分布在内环以内及内环外侧的大渡口、空港、北碚、西永、西彭、李家沱与茶园组团。当搜索半径从1 000 m跨越到1 500 m时，位于大渡口、李家沱与北碚的POI集聚区集聚特征由强变弱。总体来说，较小的搜索半径,可识别出规模较小的 POI 集聚区,较大的搜索半径,能反映宏观尺度的多中心格局,具有良好的平滑效果。本研究的目的在于识别研究区多中心城市结构并分析不同类型城市中心的影响范围,综合权衡多中心识别的整体效应与局部识别结果,最终选取 1 500 m 搜索半径做进一步分析。

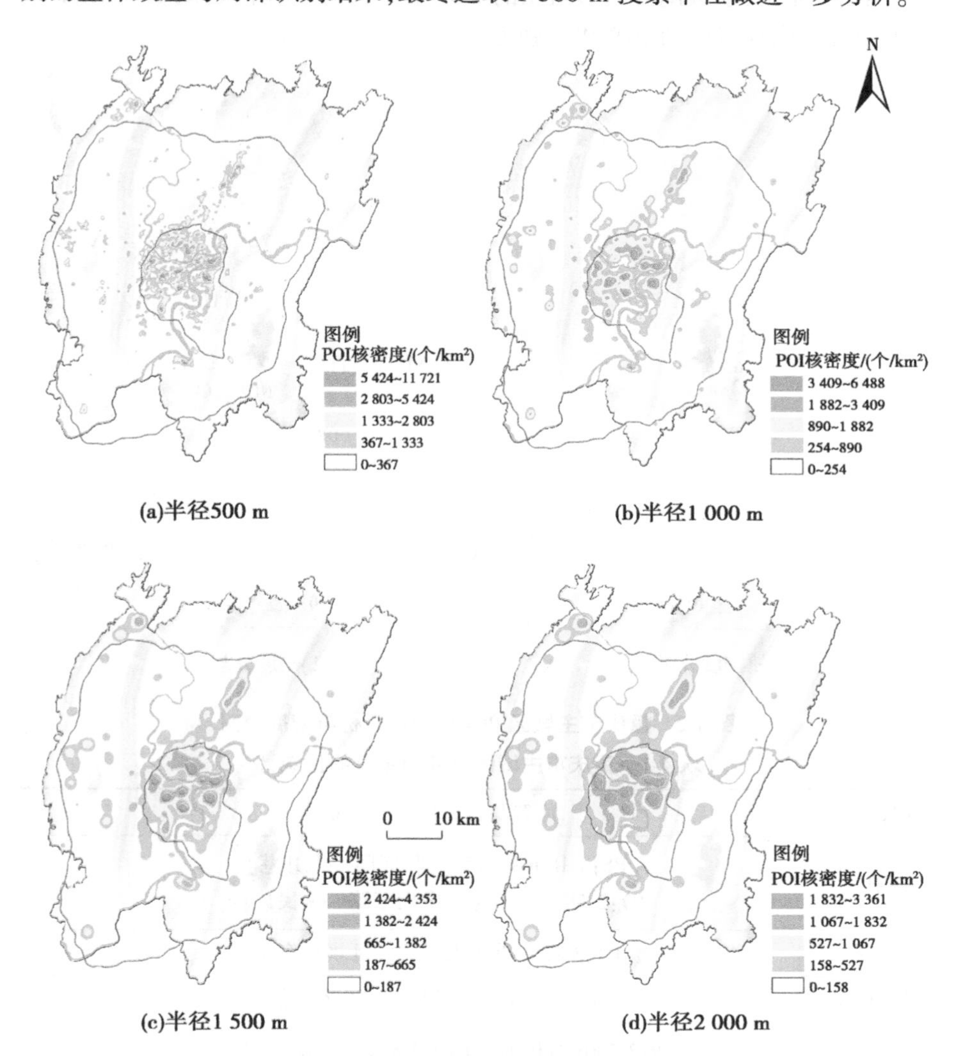

图 4-1　不同搜索半径下核密度分析结果

根据图 4-2(a)、表 4-1,核密度分析结果的高值区主要集中在渝中、沙坪坝、观音桥、大杨石、南坪、大渡口、李家沱、北碚与空港组团,除渝中、大杨石组团外,上述组团内部均包含一处明显 POI 峰值,最高值位于观音桥组团内的红旗河沟—建新北路一带。因此,由分析可知,重庆主城区以解放碑为主中心,以沙坪坝、杨家坪、观音桥、南坪、茶园、西永为副中心的多中心城市结构明显。空港、北碚、李家沱与西彭组团的 POI 集聚程度已经接近或超过茶园、西永副中心。内环以内的 POI 集聚强度显著高于内环外侧。

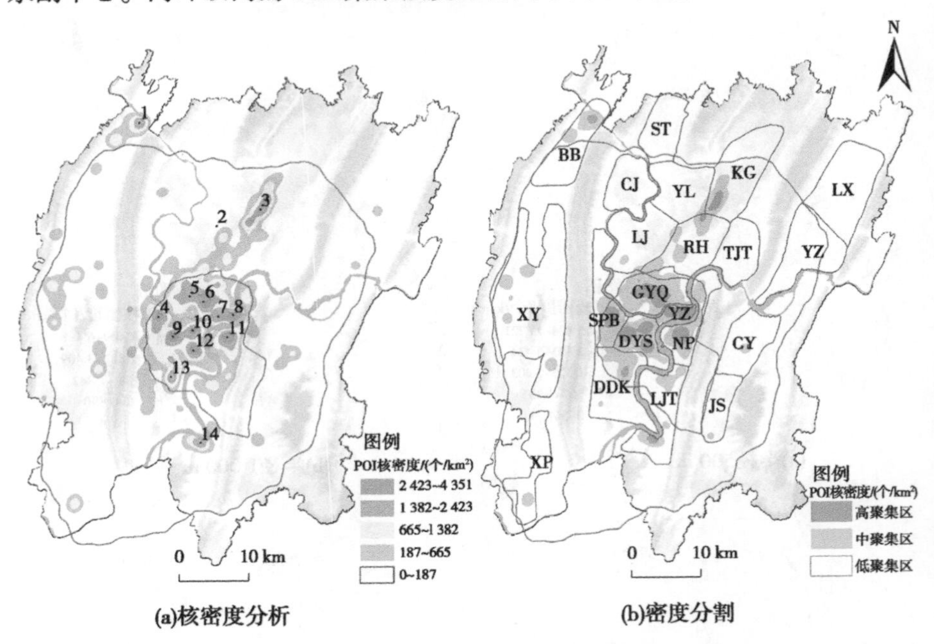

(a)核密度分析　　(b)密度分割

图 4-2　重庆市主城区 POI 核密度分析与密度分割

表 4-1　重庆市主城区 POI 核密度峰值统计

组团	位置与核密度/(个/km²)
渝中	P8:4 180(解放碑—临江门—大井巷); P7:2 582(牛角沱—中山三路—人民广场)
沙坪坝	P4:3 128(重庆大学—沙坪坝火车站)
观音桥	P6:4 351(红旗河沟—建新北路)
大杨石	P9:3 550(石桥铺);P10:2 876(石油路—大坪); P12:3 430(杨家坪—石桥铺正街)
南坪	P11:4 198(工贸—上海城)

续表4-1

组团	位置与核密度/(个/km²)
大渡口	P13:2 221(春晖路—重庆钢铁集团)
李家沱	P14:2 267(鱼洞—巴县大道)
北碚	P1:2 311(西南大学—文五路)
空港	P3:2 212(双龙大道—江北机场)

2. 城市中心影响范围分析

基于前文核密度分析结果($r=1\ 500$ m),利用自然断点法对研究区进行密度分割,并结合整体POI数据,从统计上验证POI分布的集中性,进一步分析城市中心的影响范围与要素集聚程度。

由图4-2(b)可知,高集聚区由多个不连续区域组成,具体分布在渝中、沙坪坝、大杨石、大渡口、观音桥、空港、北碚、南坪与李家沱组团。中集聚区主要分布在前者外围,其余为低集聚区。内环内侧包含了大部分高、中集聚区,两种区域主要沿轻轨线分布。根据表4-2可知,重庆主城区POI整体上呈集聚态势,自然断点法勾勒的三种区域具有不同的空间特征。高集聚区与中集聚区的面积分别占整体的1.69%与6.58%,分别包含38.25%与41.76%的POI,POI密度分别是全域平均水平的23倍与6倍;低集聚区面积占91.73%,仅包含19.98%的POI,POI密度仅为全域平均水平的21.8%;根据邻近分析结果,从高集聚区到低集聚区,POI密度逐层降低,平均观测距离、预期平均距离、最邻近比率逐层升高,聚集效应逐层减弱。

表4-2　重庆市不同类型区POI空间统计分析结果

区域	面积/km²	面积比/%	POI个数	个数比/%	POI密度/(个/km²)	d_i/m	d_e/m	R
主城九区	3 161.22	100	401 410	100	126.98	10.78	57.83	0.186 3
高集聚区	53.43	1.69	153 556	38.25	2 873.97	4.48	94.35	0.047 4
中集聚区	207.99	6.58	167 634	41.76	805.97	7.26	90.3	0.080 4
低集聚区	2 899.8	91.73	80 220	19.98	27.66	28.81	124.93	0.230 6

因此,解放碑主中心和沙坪坝、杨家坪、观音桥、南坪副中心的影响范围主

要集中在内环内侧,要素集聚能力由中心向外围衰减;内环外侧的集聚功能主要由西永、茶园副中心与北碚、空港、李家沱等组团承接。

4.1.1.2　重庆市不同类型城市中心识别与影响范围分析

1. 基于核密度分析的不同类型城市中心识别

由于历史发展、规划引导、人口流动及自然条件等因素的共同作用,不同功能的城市中心在空间上存在差异。因此,不同类型 POI 的空间分布往往存在差别。本节将根据不同类型 POI 核密度分析结果,探究不同类型城市中心的空间分布特征。

由表 3-1 可知,不同类型 POI 的数量差异较大。其中生活服务类最多,占总数的 66.27%;公共服务与商务类次之,各占 15.03%与 11.64%;休闲娱乐、居住、金融保险类占比最少,均未超过 3%。根据表 4-3 邻近分析结果,各个类型 POI 空间集聚特征显著。金融保险类集聚程度最高,居住类最低,R 分别为 0.133 3 与 0.370 4。在平均观测距离、预期平均距离方面,不同类型 POI 差异较大,这在一定程度上是各类型 POI 的数量差异所致(除空间集聚因素外)。在数量差异较小的商务类与公共服务类、休闲娱乐类与居住类,上述测量值差距较小。根据各类型 POI 核密度分析结果,如图 4-3 所示,不同类型 POI 在内环内均具有多个集聚区,主要分布在渝中、沙坪坝、大杨石、南坪与观音桥组团。在内环外,不同类型 POI 集聚特征减弱。除商务、金融保险类外,其余类型 POI 在空港、北碚、李家沱等组团有小规模集聚。根据表 4-3,不同类型 POI 集聚区内核密度峰值位置与整体识别结果相似,生活服务类最高值位于南坪组团的工贸—上海城附近,商务、休闲娱乐类最高值则分别位于大杨石组团的石桥铺商业中心与杨家坪商圈,金融、公共服务、居住类最高值均位于渝中组团内部的解放碑商圈附近。从 POI 核密度剖面线看(见图 4-4、表 4-4,结果基于 100 m×100 m 删格,4 条剖面线❶(A、B、C、D)分别沿地铁线(6 号线、3 号线、1 号线、2 号线)布置,并分别穿过各类型 POI 的核密度峰值区)。不同类型 POI 核密度分析结果在内环内均出现多个峰值,内环内侧核密度峰值显著高于外侧;在内环内,仅商务、金融保险类 POI 的核密度峰值差异较大,最高值位于观音桥、南坪组团;山水格局对剖面线的剧烈起伏具有显著影响。内环内是各类型 POI 的主要集聚区域,并呈现多中心分布特征。

❶　4 条剖面线在重庆主城区多维识别中均有应用,剖面线具体布局见图 4-3(a)。

表 4-3　重庆市主城区各类型 POI 统计分析结果与空间分布

分类	d_i/m	d_e/m	R	POI 聚集区位置与峰值
生活服务类	11	71	0. 148 9	P5:1 639(花卉园—大龙山);P6:2 659;P8:2 513;P11:2 763;P9:2 090;P10:1 982;P12:2 496;P4:2 235;P13:1 714;P14:1 713;P3:1 705;P1:1 758
商务类	40	170	0. 237 1	P6:786;P8:720;P11:587;P9:918
金融保险类	58	432	0. 133 3	P6:152;P8:185;P11:114
公共服务类	35	148	0. 237 7	P6:558;P8:573;P7:554;P11:568;P9:380;P10:377;P12:416;P4:493;P14:350;P1:350
休闲娱乐类	115	341	0. 335 8	P2:60(重庆园博园);P6:105;P8:118;P11:109;P9:78;P10:73;P12:129;P4:101
居住类	136	367	0. 370 4	P6:93;P8:94;P11:82;P9:69;P10:54;P12:69;P4:67

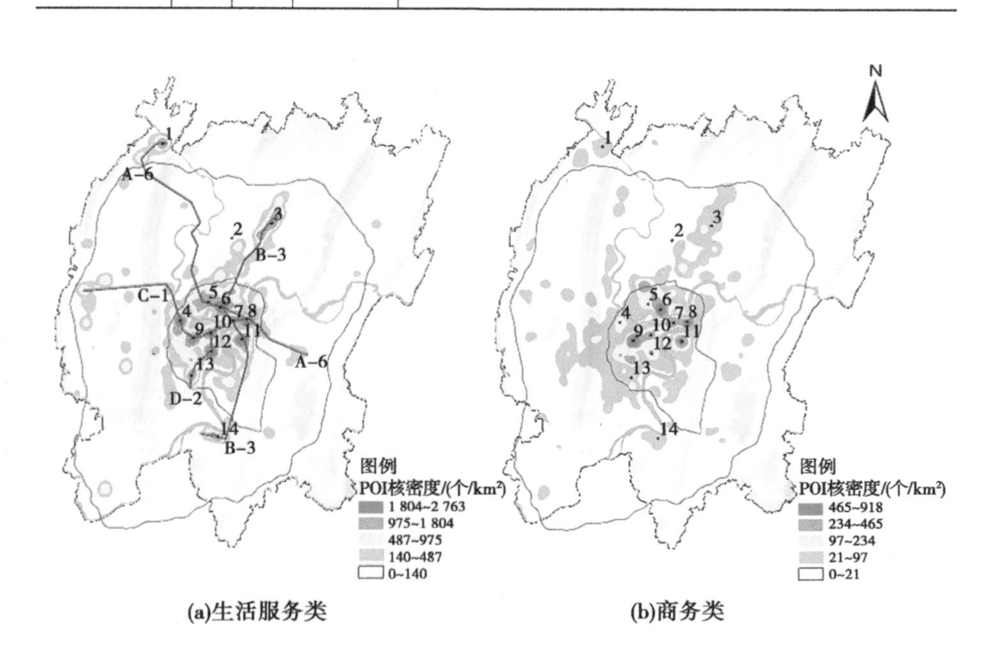

(a)生活服务类　　　　(b)商务类

图 4-3　重庆市主城区不同类型 POI 核密度分析结果

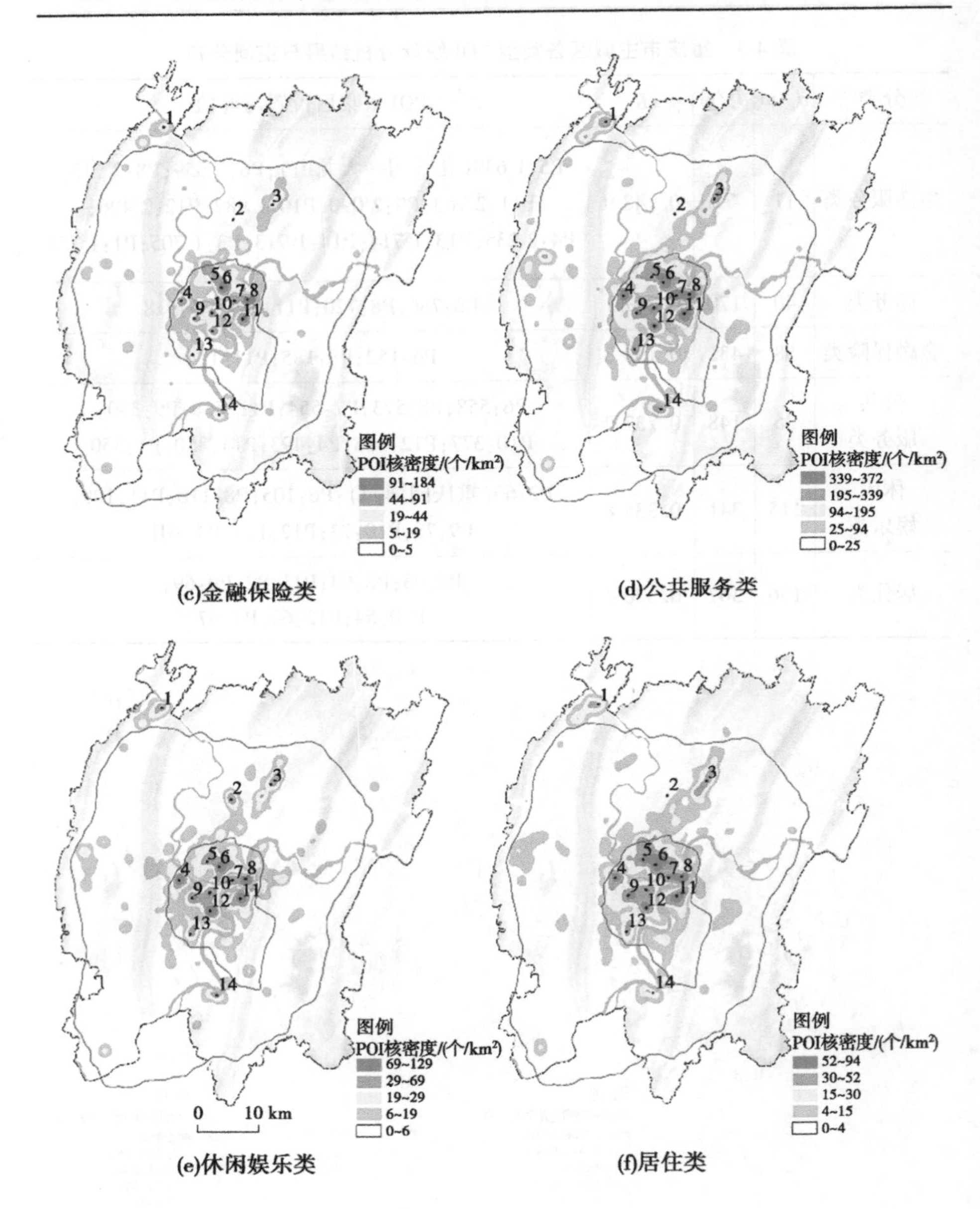

(c)金融保险类

(d)公共服务类

(e)休闲娱乐类

(f)居住类

续图 4-3

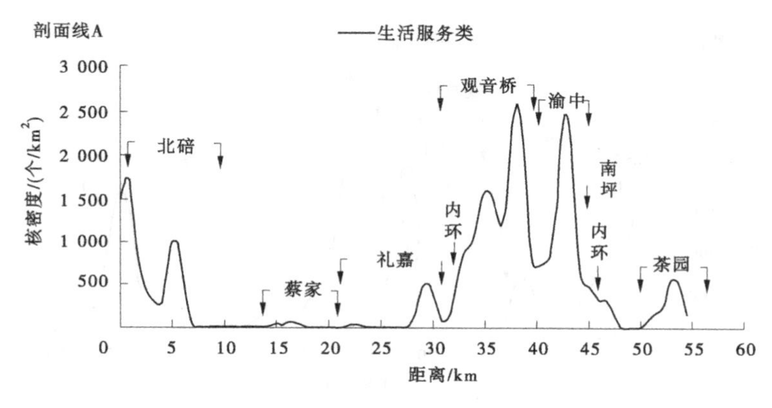

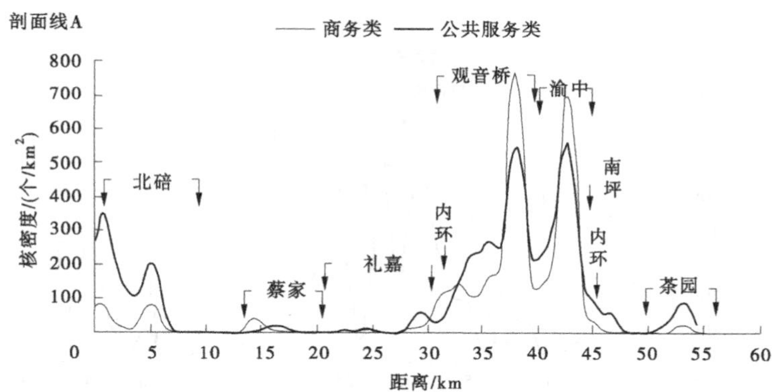

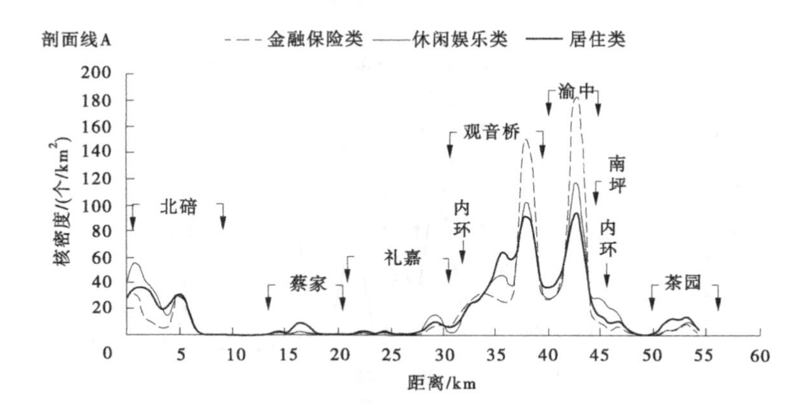

图 4-4　重庆市各类型 POI 核密度剖面线

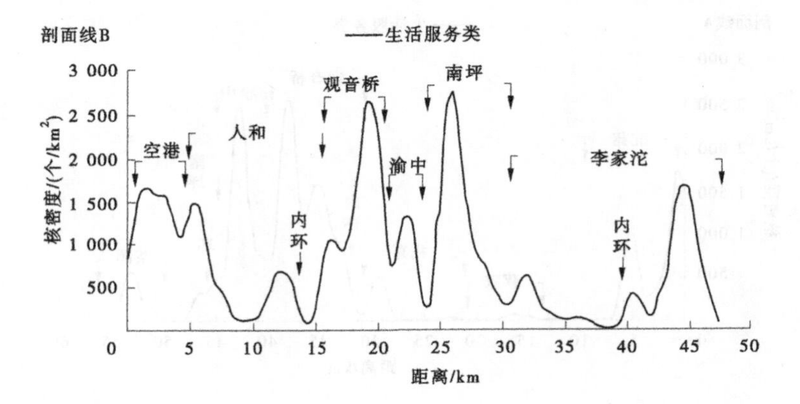
剖面线B
生活服务类
核密度/(个/km²)
3 000
2 500
2 000
1 500
1 000
500
0
空港
人和
内环
观音桥
渝中
南坪
李家沱
内环
5
10
15
20
25
30
35
40
45
50
距离/km

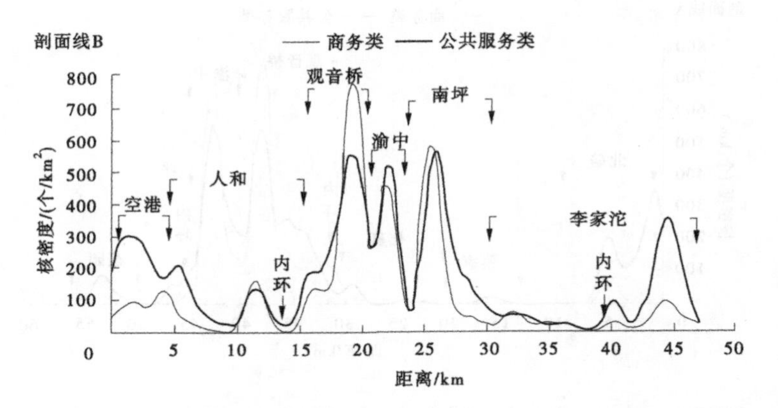
剖面线B
商务类
公共服务类
核密度/(个/km²)
800
700
600
500
400
300
200
100
0
空港
人和
内环
观音桥
渝中
南坪
李家沱
内环
5
10
15
20
25
30
35
40
45
50
距离/km

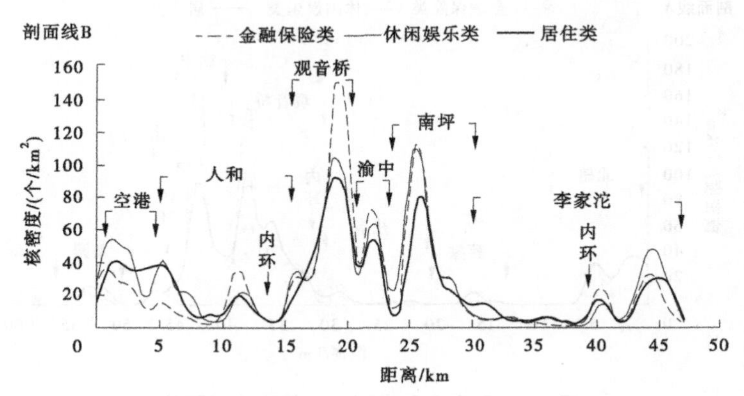
剖面线B
金融保险类
休闲娱乐类
居住类
核密度/(个/km²)
160
140
120
100
80
60
40
20
0
空港
人和
内环
观音桥
渝中
南坪
李家沱
内环
5
10
15
20
25
30
35
40
45
50
距离/km

续图 4-4

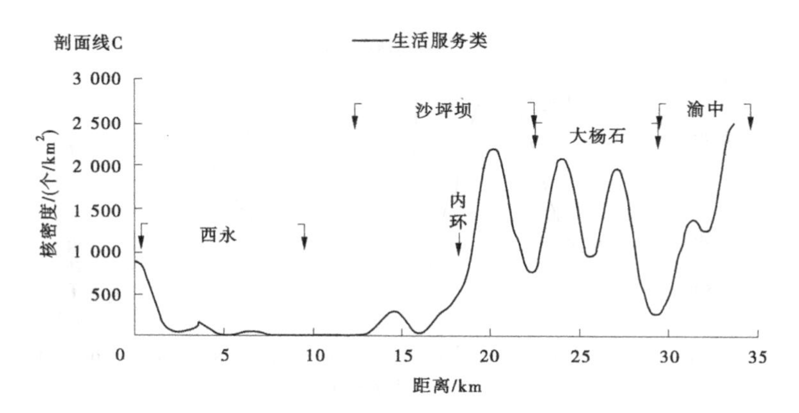
剖面线C
——生活服务类
核密度/(个/km²)
3 000
2 500
2 000
1 500
1 000
500
0
西永
沙坪坝
内环
大杨石
渝中
5
10
15
20
25
30
35
距离/km

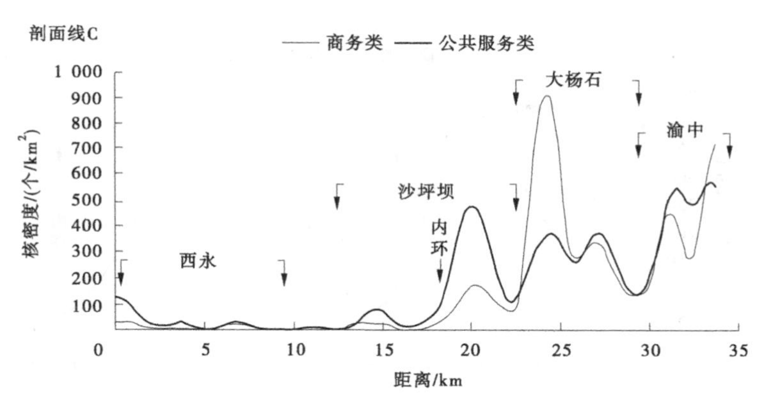
剖面线C
—— 商务类 —— 公共服务类
核密度/(个/km²)
1 000
900
800
700
600
500
400
300
200
100
0
西永
沙坪坝
内环
大杨石
渝中
5
10
15
20
25
30
35
距离/km

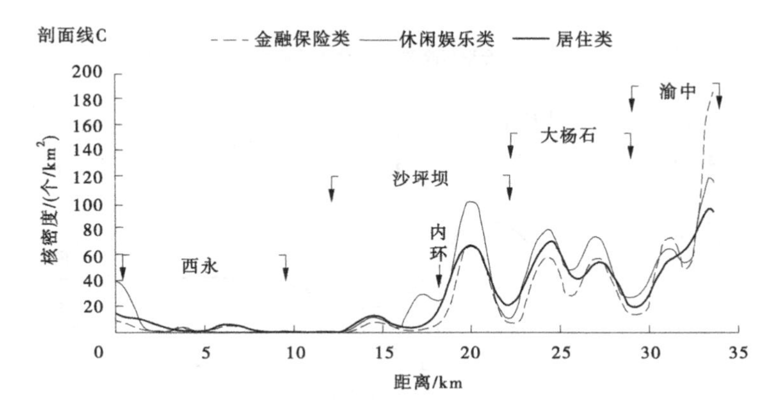
剖面线C
- - - 金融保险类 ——休闲娱乐类 —— 居住类
核密度/(个/km²)
200
180
160
140
120
100
80
60
40
20
0
西永
沙坪坝
内环
大杨石
渝中
5
10
15
20
25
30
35
距离/km

续图 4-4

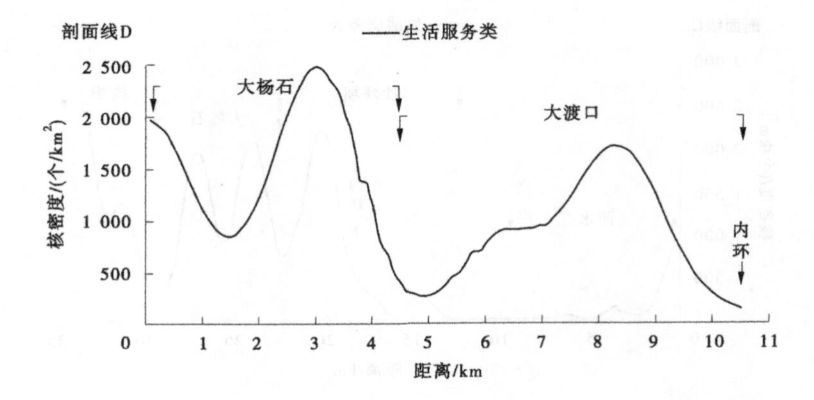

剖面线D
——生活服务类
大杨石
大渡口
内环
核密度/(个/km²)
2 500
2 000
1 500
1 000
500
0
1
2
3
4
5
6
7
8
9
10
11
距离/km

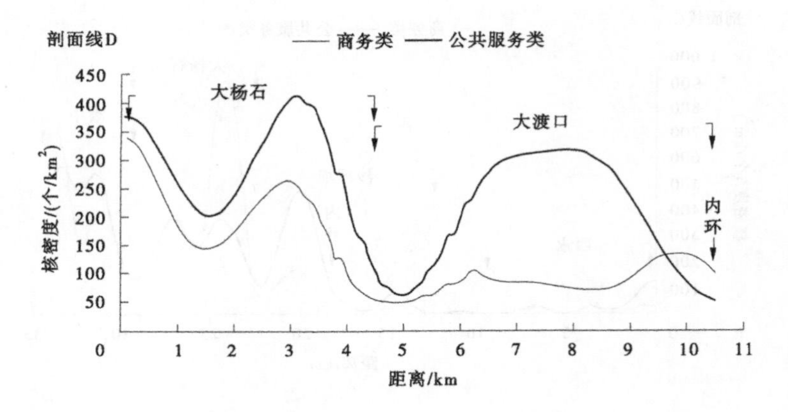

剖面线D
—— 商务类 —— 公共服务类
大杨石
大渡口
内环
核密度/(个/km²)
450
400
350
300
250
200
150
100
50
0
1
2
3
4
5
6
7
8
9
10
11
距离/km

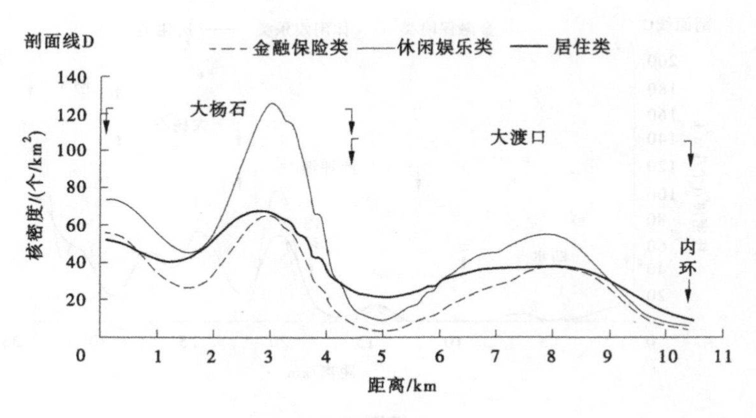

剖面线D
--- 金融保险类 ——休闲娱乐类 —— 居住类
大杨石
大渡口
内环
核密度/(个/km²)
140
120
100
80
60
40
20
0
1
2
3
4
5
6
7
8
9
10
11
距离/km

续图 4-4

表 4-4　剖面线介绍

剖面线	介绍
A	沿地铁6号线，由北向南，经过北碚、中梁山、蔡家、嘉陵江、礼嘉、观音桥、嘉陵江、渝中、长江、南坪、铜锣山、茶园
B	沿地铁3号线，由南向北，经过空港、人和、观音桥、嘉陵江、渝中、长江、南坪、李家沱
C	沿地铁1号线，由西向东，经过西永、中梁山、沙坪坝、大杨石、渝中
D	沿地铁2号线，由北向南，经过大杨石、大渡口

因此，内环内，不同类型城市中心均表现出多中心分布特征，内环外集聚特征减弱，山水分割是造成重庆市多中心格局的重要因素之一。

2. 不同类型城市中心影响范围分析

根据整体城市中心分析方法，利用各类型POI数据及其核密度分析结果，比较不同类型城市中心的影响范围。

结果如图4-5、表4-5所示，六类POI高集聚区均由多个相互独立区域组

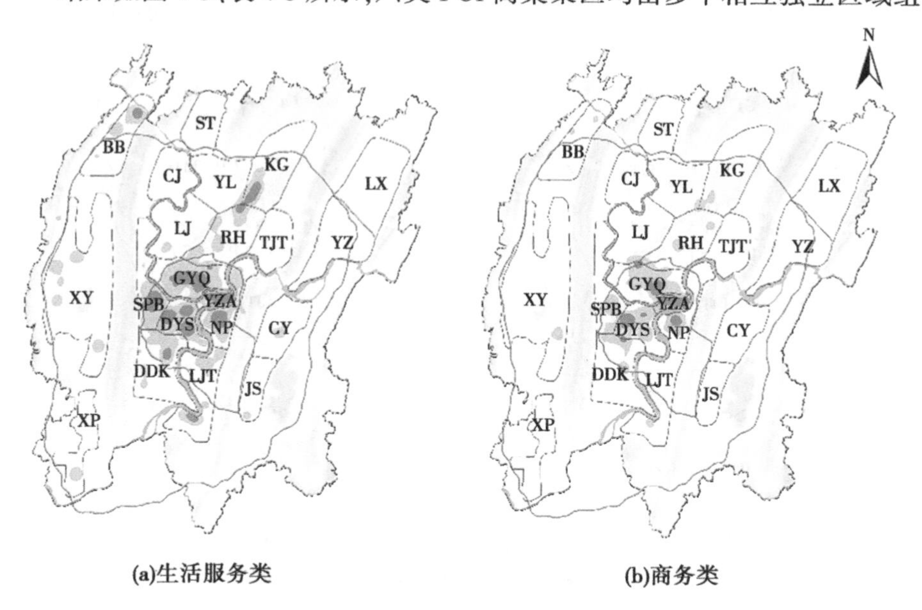

图 4-5　重庆市主城区不同类型高聚集区识别

(c)金融保险类

(d)公共服务类

0 10 km

(e)休闲娱乐类

(f)居住类

图例 高聚集区 中聚集区 低聚集区

续图 4-5

成,与整体分析结果的空间叠合性较高。生活服务、公共服务、休闲娱乐与居住类主要分布在观音桥、渝中、南坪、沙坪坝、大杨石、大渡口、空港、北碚与李家沱组团(除居住类)。商务、金融保险类主要分布在观音桥、渝中、南坪、大杨石、沙坪坝组团(除商务类)。三种区域中,各个类型的高集聚区面积最小、POI密度最大,以平均1.57%城区面积包含各类型POI的36.91%,最邻近比率、z得分与p值均证明该区域具有强烈的集聚效应。根据"R值"与"单位POI密度"可知,金融保险类集聚程度最高,居住类最低(最邻近比率:金融保险类>商务类>生活服务类>公共服务类>休闲娱乐类>居住类;单位POI密度:金融保险类>商务类>生活服务类>休闲娱乐类>公共服务类>居住类)。

表4-5　重庆六类POI不同类型区统计分析结果

功能分类	区域	POI个数/个	数量比/%	面积/km²	面积比/%	POI密度/(个/km²)	单位密度(数量比/面积比)	d_i	d_e	R
生活服务类	高集聚区	110 637	41.59	59.79	1.89	1 850.43	22.01	5.13	111.15	0.046 2
	中集聚区	115 386	43.37	213.19	6.74	541.24	6.43	7.60	108.83	0.069 8
	低集聚区	39 999	15.04	2 888.24	91.36	13.85	0.16	32.69	175.96	0.185 8
商务类	高集聚区	14 327	30.67	21.63	0.68	662.37	45.10	6.28	316.45	0.019 8
	中集聚区	16 450	35.22	121.66	3.85	135.21	9.15	20.89	308.23	0.067 8
	低集聚区	15 931	34.11	3 017.93	95.47	5.28	0.36	80.27	267.73	0.299 8

续表 4-5

功能分类	区域	POI 个数/个	数量比/%	面积/km^2	面积比/%	POI 密度/(个/km^2)	单位密度(数量比/面积比)	d_i	d_e	R
金融保险类	高集聚区	2 029	28.41	17.05	0.54	119	52.61	14.21	820.76	0.017 3
	中集聚区	3 261	45.67	120.77	3.82	27	11.96	31.80	647.41	0.049 1
	低集聚区	1 851	25.92	3 023.4	95.64	0.61	0.27	148.80	822.18	0.181
公共服务类	高集聚区	24 619	40.82	63.88	2.02	385.39	20.21	14.42	235.63	0.061 2
	中集聚区	22 168	36.75	197.85	6.26	112.04	5.87	24.39	248.31	0.098 2
	低集聚区	13 530	22.43	2 899.49	91.72	4.67	0.24	85.22	296.46	0.287 5
休闲娱乐类	高集聚区	4 336	38.67	58.63	1.85	73.96	20.90	35.42	561.45	0.063 1
	中集聚区	4 803	42.83	246.39	7.79	19.49	5.50	63.08	533.46	0.118 2
	低集聚区	2 074	18.50	2 856.20	90.35	0.73	0.20	359.35	727.58	0.493 9
居住类	高集聚区	4 133	41.29	76.15	2.41	54.27	17.13	58.39	575.08	0.101 5
	中集聚区	4 011	40.07	242.87	7.68	16.52	5.22	99.95	583.76	0.171 2
	低集聚区	1 865	18.63	2 842.2	89.91	0.66	0.21	391.24	831.49	0.470 5

因此，内环内，不同类型城市中心集聚作用显著。内环外，除商务、金融类，其余类型 POI 主要分布在西永、茶园副中心与北碚、空港、李家沱等组团。

4.1.2　混合度视角

城市中心不仅是各要素的集聚场所，也承担着不同的城市功能，因此拥有较高的功能混合度，本节将基于高德地图 POI 分类体系中包含与城市功能密切相关的 14 种分类，利用熵值法计算研究区不同区域的功能混合度，以此研究重庆主城区多中心城市结构。

计算结果如图 4-6(a) 所示❶，混合度峰值主要位于内环内侧，最高值位于观音桥组团的红旗河沟—观音桥地铁站附近(P5)，其余峰值则位于渝中(P10 临江门—解放碑商圈—校场口—小什字地铁站、P9 牛角沱—两路口地铁站)、大杨石(P8 大坪、P7 石桥铺、P12 杨家坪)、沙坪坝(P6 沙坪坝地铁站)、南坪组团(P13 工贸—南坪地铁站)。内环外各组团混合度峰值较低，主要位于北碚、人和、西永、茶园与李家沱组团，空港组团内部沿地铁 3 号线出现混合度峰值绵延区。

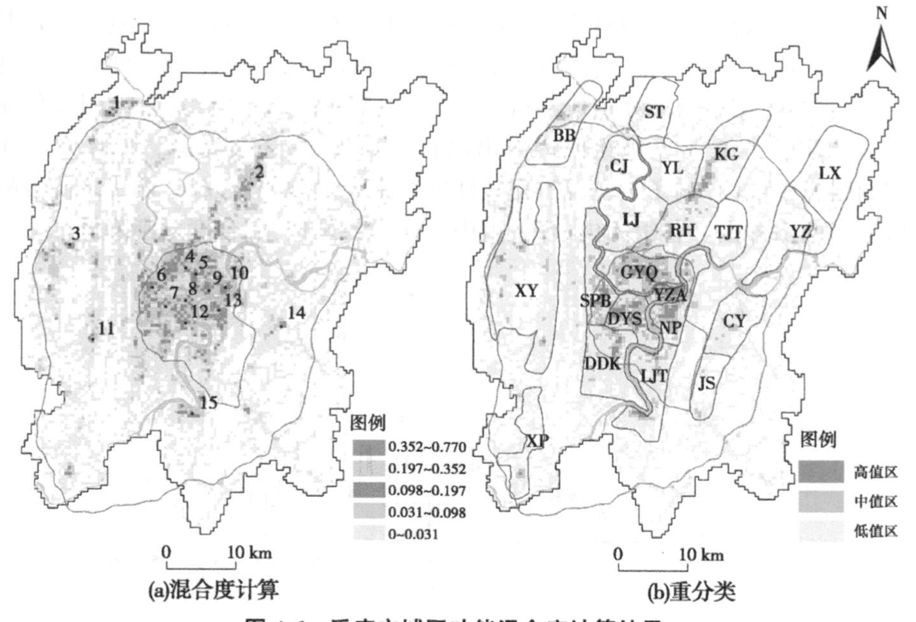

图 4-6　重庆主城区功能混合度计算结果

❶ 为准确反映城市内部高度分异的混合度，将未包含 POI 数据的网格进行剔除。

基于自然断点法对研究区混合度计算结果进行重分类，并计算不同区域的混合度均值，结果见图 4-6(b)、表 4-6。混合度高值区面积最小、混合度最高，平均值为 0. 297，主要位于内环内侧的渝中、观音桥、沙坪坝、大杨石与南坪组团，各组团所属高值区相互独立。其余高值区则分别位于北碚、空港—人和、西永、大渡口、李家沱与西彭组团。中值区则主要集中在中梁山与铜锣山之间，混合度均值为 0.116，外围为低值区。

表 4-6 重庆主城区混合度分区统计

名称	面积/km²	面积比/%	均值
整体	1 301.75	41.1	0.029
高值区	39	1.2	0.297
中值区	139.25	4.4	0.116
低值区	1 123.5	35.5	0.009

如图 4-7 所示，根据剖面分析结果，内环内部，各组团混合度峰值远超外部组团，其中观音桥组团峰值最高(0. 77)，大杨石组团内峰值最多(3 处)，其余组团内峰值较为接近，均达到 0. 50 左右。内环外，各组团混合度峰值迅速降低，其中李家沱组团峰值较高(0. 447)，茶园最低(0. 15)，其余组团峰值主要维持在 0. 2~0. 3，空港组团内部出现长约 6 km 的连续峰值。A、B、C 三条剖面线与中梁山、铜锣山、长江、嘉陵江的交汇处出现明显波动，两山之间各峰值大于两山外围。各组团内，峰值由中心向边界延伸，混合度逐渐降低。

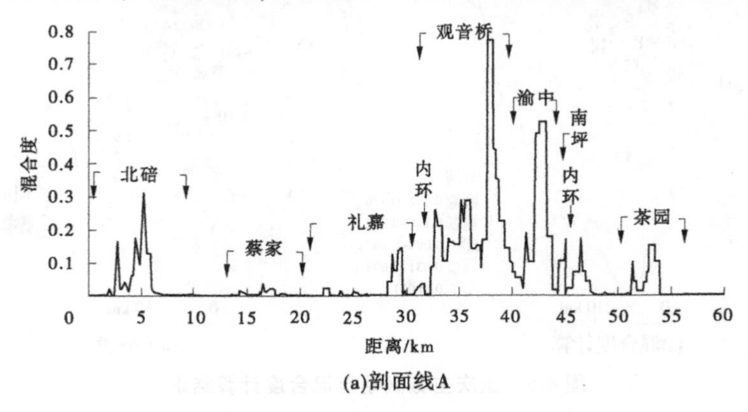

(a)剖面线A

图 4-7 重庆主城区混合度剖面分析

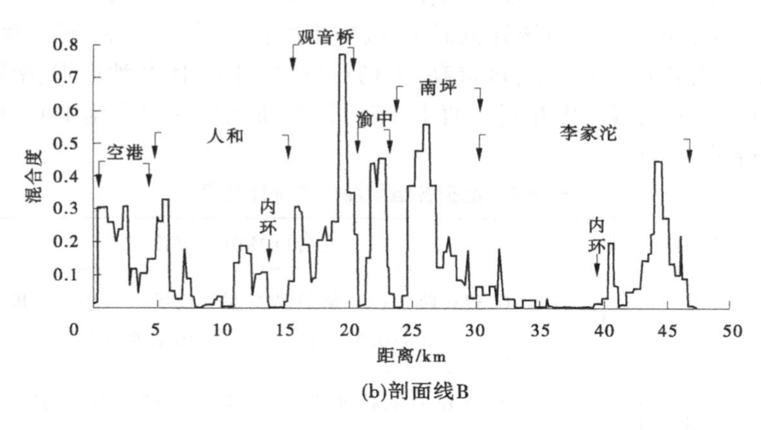

(b)剖面线B

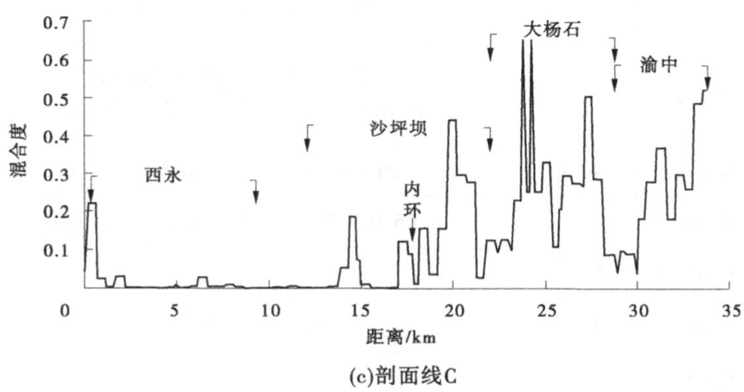

(c)剖面线C

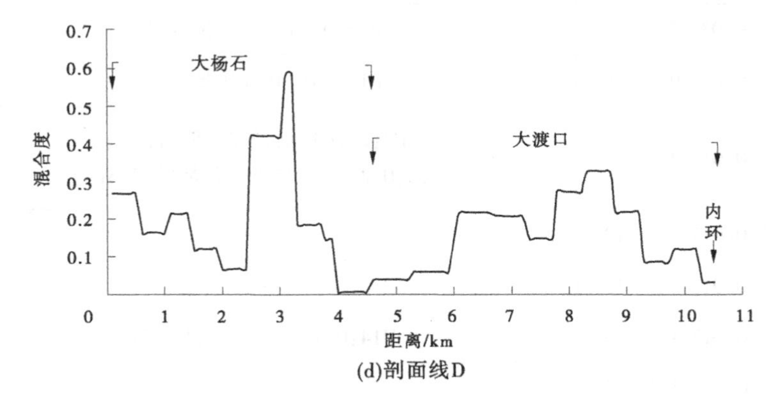

(d)剖面线D

续图 4-7

因此，研究区功能混合度呈明显的多中心分布模式，基于各组团规划边界统计的表 4-7 混合度均值统计也证实：渝中组团作为城市中心（解放碑）所在地，城市功能最为完善、混合度最高，大杨石与观音桥组团及沙坪坝、南坪组团包含城市副中心，混合度相近。西永、茶园作为新规划的城市副中心，功能培育还有待进一步提高。

表 4-7　重庆各组团混合度统计结果

组团	均值	排序	混合度峰值与位置
渝中	0.171 6	1	P10：0.523（临江门—解放碑商圈—校场口—小什字地铁站）；P9：0.452（两路口—牛角沱地铁站）
大杨石	0.108 8	2	P7：0.653（石桥铺地铁站）；P8：0.507（大坪地铁站）；P12：0.587（杨家坪地铁站）
观音桥	0.102 6	3	P4：0.36（花卉园地铁站）；P5：0.77（红旗河沟—观音桥地铁站）
南坪	0.072 6	4	P13：0.557（工贸—南坪地铁站）
沙坪坝	0.058 8	5	P6：0.442（杨公桥—沙坪坝地铁站）
人和	0.044 4	6	—
空港	0.040 3	7	P2：0.352（双龙地铁站）
大渡口	0.037 4	8	—
李家沱	0.034 3	9	P15：0.447（金竹地铁站）
北碚	0.025 9	10	P1：0.31（状元碑地铁站）
西永	0.017 4	11	P3：0.263（怡悦路—陈青路）；P11：0.273（白龙路—名都世纪小区）
礼嘉	0.017 2	12	—
悦来	0.013 4	13	—
茶园	0.013 4	14	P14：0.174（长生桥地铁站）
西彭	0.013 3	15	—

续表 4-7

组团	均值	排序	混合度峰值与位置
界石	0.012 2	16	—
龙兴	0.010 9	17	—
蔡家	0.009 8	18	—
唐家沱	0.007	19	—
鱼嘴	0.005 3	20	—
水土	0.004 7	21	—

4.1.3　人口动态视角

4.1.3.1　研究区多中心识别与影响范围分析

如图 4-8(a)、表 4-8 所示，基于休息日、工作日各时段核密度分析结果[1]的峰值分布，各时段热力高值区的空间位置基本相同，主要集中在渝中(P6、P7)、沙坪坝(P4)、杨家坪(P8、P9、P10)、大渡口(P14)、观音桥(P5)、空港—人和(P2)、北碚(P1)、西永(P3)、南坪组团(P11、P12)，内环内部各峰值的热力值较高，外侧较低，最高值位于观音桥组团的商务中心，各热力峰值在每天的9:00达到最高，并维持到17:00。根据定义，在中央商务区以外的人口或就业分布的次高峰，即次高峰的人口分布相对密度高于周边地区，可以视为潜在的次中心。经观察，各时段下研究区人口分布呈以解放碑为主中心，以沙坪坝、观音桥、杨家坪、南坪、西永、茶园为副中心的多中心结构。不同时段下，内环内侧各中心人口在07:00—09:00不断集聚，热力值迅速提升，09:00—17:00，各中心热力值相对稳定，基本在15:00达到最高值，17:00后热力值逐渐降低，除解放碑外，其余副中心在休息日的人口热力值大于工作日。但内环外侧，茶园、西永副中心的热力峰值不明显，人口集聚能力低于内环内的城市(副)中心与外侧的空港、北碚组团，发展水平明显滞后。整体上，内环内人口集聚强度显著高于外侧。

---

[1] 由于休息日与工作日核密度分析结果的形态较为相似，因此对整周各时段结果求平均值，以图 4-8(a)的方式呈现，休息日与工作日的统计值见表 4-9。

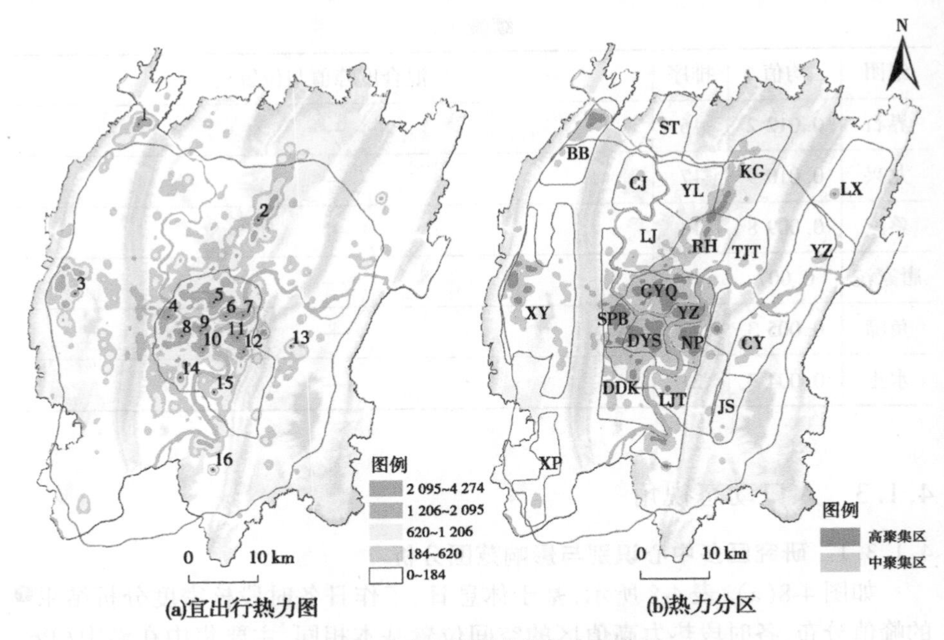

图 4-8 重庆主城区人口热力与分区

表 4-8 重庆主城区人口热力峰值统计

组团	峰值位置与热力(休息日/工作日)
渝中	P6:2 376/2 576(牛角沱—两路口地铁站); P7:3 569/3 940(解放碑—临江门地铁站)
观音桥	P5:4 393/4 156(观音桥—红旗河沟)
沙坪坝	P4:3 966/3 358(沙坪坝地铁站)
杨家坪	P8:2 587/2 881(石桥铺地铁站);P9:3 056/3 015(石油路地铁站); P10:3 144/2 811(杨家坪地铁站)
南坪	P11:4 185/3 969(工贸—南坪地铁站);P12:2 236/2 521(五公里地铁站)
西永	P3:1 985/2 518(重庆科技学院)
茶园	P13:1 657/1 432(城南家园—刘家坪地铁站)
北碚	P1:2 272/2 489(西南大学)
人和	P2:2 529/2 456(宝铜路—回星地铁站)
大渡口	P14:2 079/1 810(大渡口—新山村地铁站)
李家沱	P15:1 655/1 903(重庆理工大学);P16:1 492/2 064(重庆工商大学融智学院)

如图 4-8(b)所示,根据各时段热力数据重分类结果,高集聚区主要集中在内环以内,及内环外的西永、茶园、北碚、空港、李家沱、大渡口等组团,中集聚区分布在高集聚区外围。不同时段下,两类区域均未出现明显位移。根据图 4-9(a)、表 4-9 的各类型区不同时段热力统计结果,各类区域休息日的热力均值比工作日高,两种区域的热力均值差距较大,07:00—09:00,随着腾讯产品用户群体的增加及人群在城市中的移动,各类型区热度增长最快,而高集聚区大多包含城市商业中心,区域内就业岗位密集,因此热力增长速度与热力均值显著大于中集聚区;09:00—17:00,热力值相对稳定,但有小幅波动,于 15:00 达到当天的峰值。面积变化方面,如图 4-9(b)所示,07:00—09:00 两类区域面积快速下降,09:00—15:00 下降缓慢,并在 15:00 达到最低点后缓慢增加。结果表明,城市人口在每天 07:00—09:00 开始向各类型区(特别是

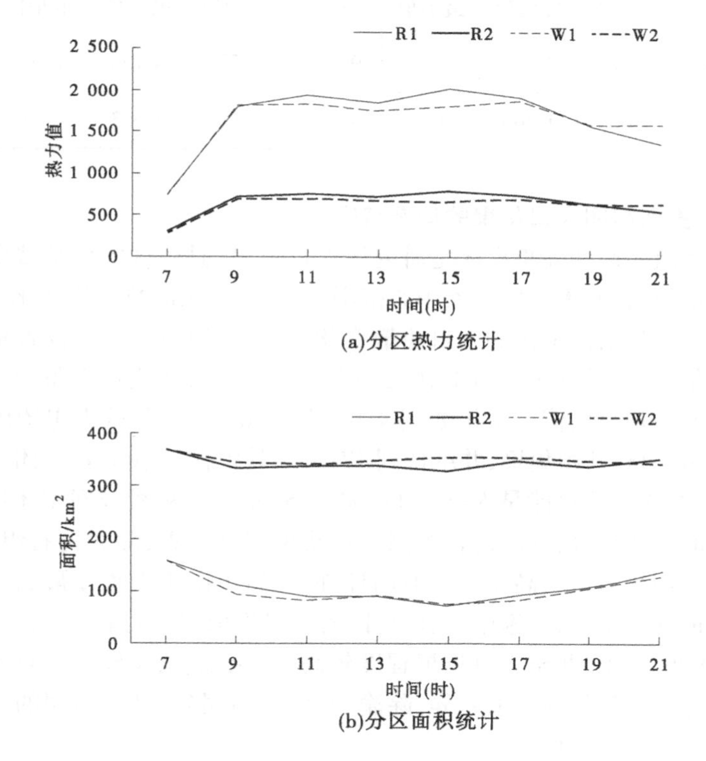

图 4-9　重庆主城区不同时段下各类型区热力统计结果

R1、W1 分别表示休息日与工作日高集聚区;R2、W2 分别表示休息日与工作日中集聚区。

高集聚区集中，09:00—17:00人口集聚状态维持稳定。17:00之后，人群陆续下班使各区域热力值降低。由于高热力值聚集的连片区域，不仅发挥着人口集聚功能，也是城市各类商业中心与高新技术开发区的所在地，可以认为是相对重要的主、次中心范围。因此，内环内作为城市人口的核心集聚区，除观音桥副中心外，各中心影响范围相近且大于外围西永、茶园副中心。内环外侧的北碚、空港、大渡口与李家沱组团内部也出现与副中心类似的人口集聚形态。

表4-9 重庆主城区不同类型区热力统计值

区域	休息日				工作日			
	热力值			面积/km²	热力值			面积/km²
	平均值	最大值	最小值		平均值	最大值	最小值	
高集聚区	1 773	4 393	917	99.66	1 723	4 156	1 068	94.56
中集聚区	700	1 368	192	340.31	666	1 553	265	348.38

4.1.3.2 重点组团人口集聚的动态特征

鉴于各组团内的高集聚区是研究区人口集聚的核心区，也是城市商业中心的所在地，是相对重要的主次中心范围，因此该区域的热力值变化在一定程度上可以反映各组团整体的人口集散变化。因此，通过目视解读各重要组团所属的高集聚区，并基于ArcGIS10.2软件的分区统计工具计算每个区域不同时间节点的平均热力值。结果如图4-10、表4-10所示，各城市组团内的人口在07:00—09:00开始集聚，并维持到17:00。其中在13:00，各组团热力值出现小幅波动，该变化可能是人群在11:00—15:00外出就餐或回家休息并再次返回造成的。休息日，内环内各组团人口集聚程度相近，除大杨石组团外，其余组团的平均热力值均高于2 000；内环外，北碚组团集聚程度最高，茶园、李家沱组团最低。工作日，渝中、南坪组团的人口集聚程度明显高于内环内其他组团；内环外，西永、北碚人口集聚程度较高，李家沱、茶园较低。对比各组团在工作日与休息日的热力值差异，除渝中、西永组团外，其余组团的工作日人口集聚程度比休息日低。

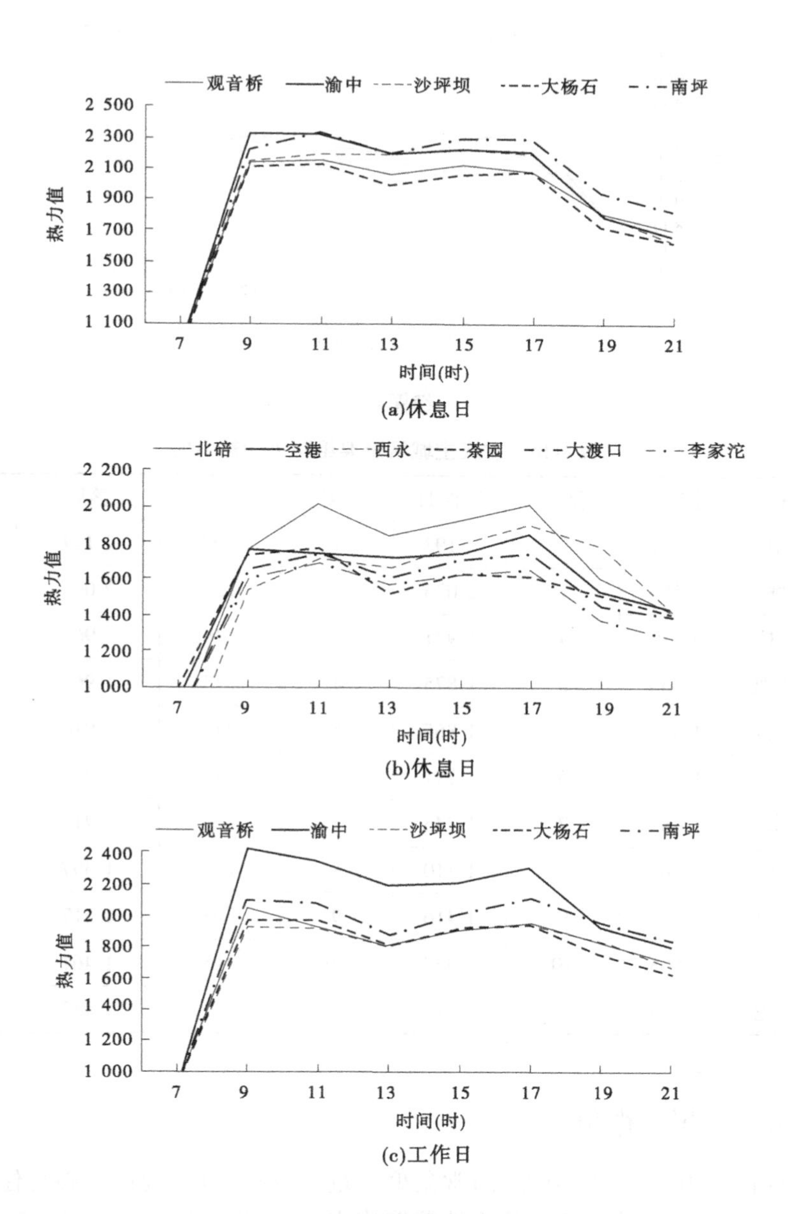

(a)休息日

(b)休息日

(c)工作日

图4-10　不同时段下重要组团热值统计

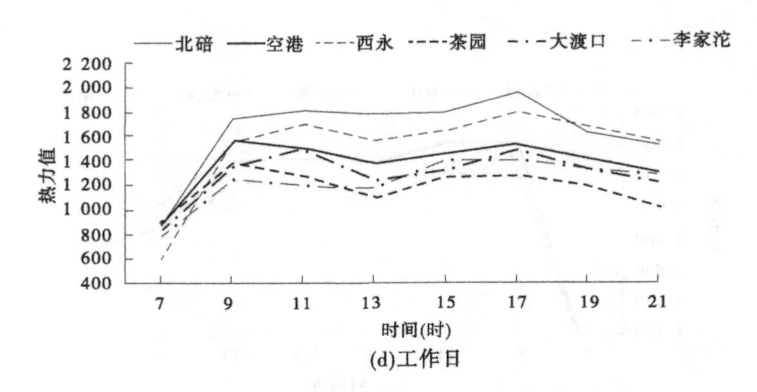

(d)工作日

续图 4-10

表 4-10　重庆主城区重要组团平均热力值

名称	休息日	排序	工作日	排序	休息-工作	整周	排序
渝中	2 101	2	2 193	1	-92	2 147	1
南坪	2 155	1	2 033	2	122	2 094	2
观音桥	2 010	4	1 921	3	89	1 965	3
沙坪坝	2 050	3	1 875	4	175	1 962	4
大杨石	1 955	5	1 865	5	90	1 910	5
北碚	1 795	6	1 791	6	4	1 793	6
西永	1 683	7	1 745	7	-62	1 714	7
空港	1 683	7	1 510	8	173	1 597	8
大渡口	1 619	9	1 416	9	203	1 517	9
茶园	1 568	10	1 353	10	215	1 461	10
李家沱	1 548	11	1 317	11	231	1 433	11

4.1.4　容积率视角

现代城市中心(副中心)通常集聚大量商业写字楼、购物中心与住宅,受益于区域优势,城市中心单位土地获取成本高、开发密度大。因此,容积率作为衡量土地利用强度的重要指标,可以从土地开发视角有效识别城市空间结构。本节将基于重庆主城区容积率统计结果分析重庆主城多中心发展特征。

根据计算结果❶，如图 4-11（a）、表 4-11 所示，研究区容积率均值为 0.687，内环内侧包含 13 处明显峰值，最高值位于渝中半岛东部的临江门—朝天门—小什字地铁站附近，其余峰值则分别位于观音桥（P7 大龙山地铁站、P9 加州路地铁站、P12 富力—美居天下）、渝中组团（P14 黄花园—七星岗地铁站）、沙坪坝（P11 沙坪坝地铁站、P16 马家岩地铁站）、大杨石（P17 歇台子地铁站、P18 石桥铺地铁站、P21 杨家坪地铁站）、南坪组团（P13 弹子石立交—富春花园、P19 工贸—南坪地铁站）与人和组团（P8 重庆涉外商务区）。

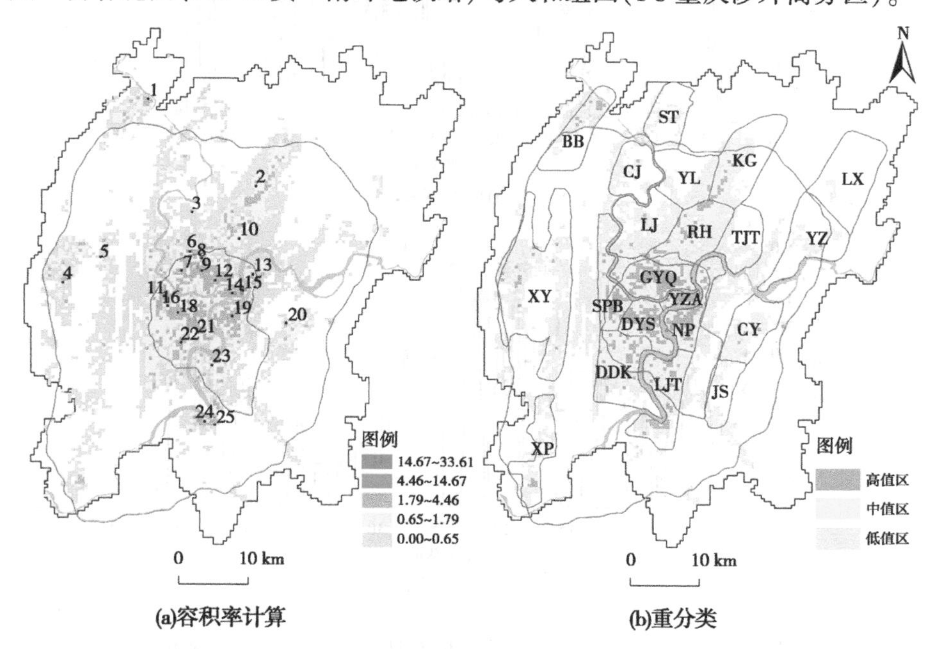

(a)容积率计算　　(b)重分类

图 4-11　重庆主城区容积率计算结果

表 4-11　重庆主城区容积率分区统计

类型	面积/km²	面积比/%	均值
整体	988.5	31.3	0.687
高值区	113.75	3.6	2.69
中值区	242.25	7.7	1.17
低值区	632.75	20	0.14

❶ 为了更好地反映城市建设规模，对未包含建筑信息的格栅进行了剔除。

根据图 4-12 容积率剖面分析结果，内环内部出现多个容积率峰值且明显大于外侧，剖面线 A、B 在跨越两江（长江、嘉陵江）处出现剧烈波动，剖面线

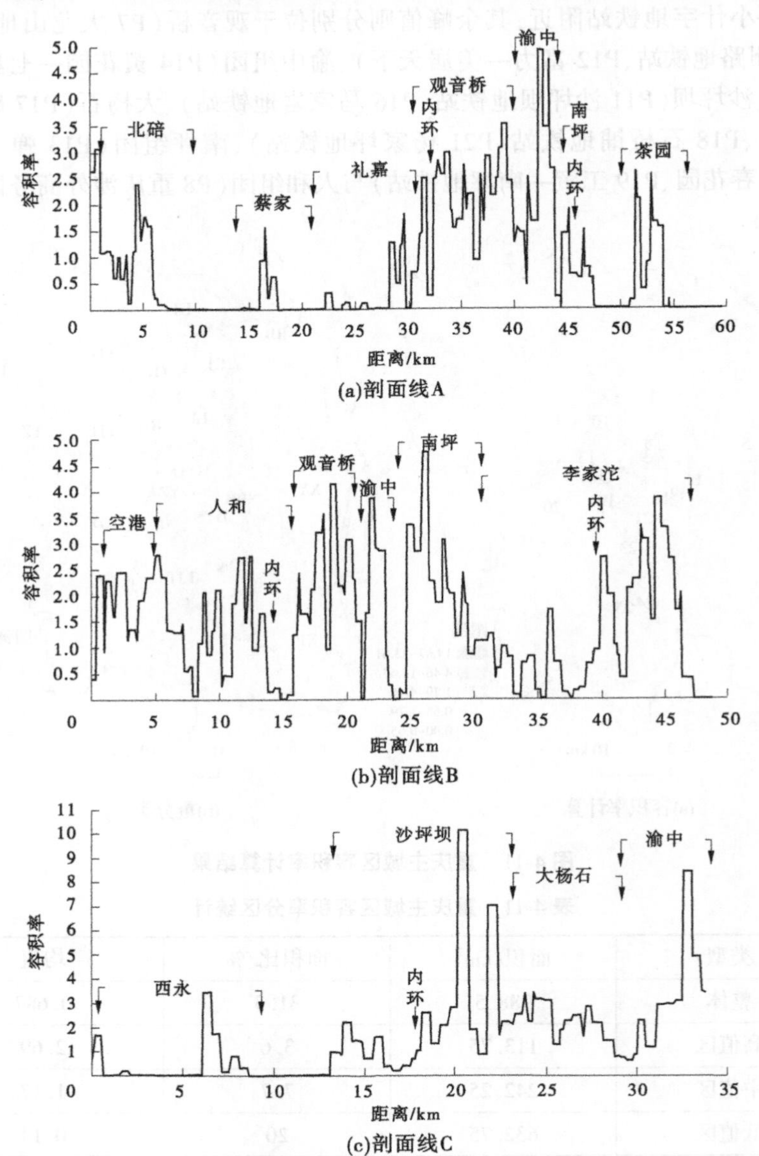

图 4-12　重庆主城区容积率剖面分析

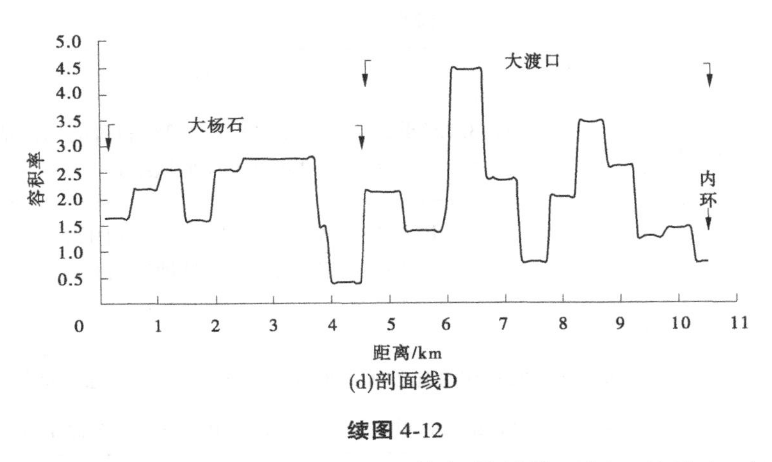

(d)剖面线D

续图 4-12

A、C 则由于中梁山与铜锣山的阻隔出现较长的低值区间。整体上,各组团内部容积率由峰值向外延伸逐步降低,内环内侧整体土地开发强度高于外侧。

利用自然断点法对重庆主城容积率进行重分类,如图 4-11(b)、表 4-11 所示,发现高值区面积最小,仅占总面积的 3.6%,但平均容积率最高,是城市开发的高密度区域,主体分布在内环以内及内环外侧的西永、茶园、北碚、空港、人和、大渡口与李家沱组团,山水隔离使内环内不同组团所属高值区相互独立,但空港、人和组团内部沿地铁 3 号线附近出现容积率高值绵延区。中、低值区则分布在各高值区外围,分别占整体的 7.7%与 20%,容积率均值由高值区向低值区逐层递减。

结合表 4-12 不同组团容积率统计均值,渝中组团作为城市中心所在地,汇集大量金融、商务、行政机构与高密度商业住宅,拥有各组团中最高的容积率。观音桥、大杨石、南坪、沙坪坝为城市副中心,同样吸引了大量购物、商业设施,土地利用高度集约。西永大学城与茶园工业园区作为新划定的城市副中心,整体容积率较低,土地利用效率有待进一步提高。

表 4-12 重庆主城区各组团容积率统计

组团	均值	排序	高值点统计
渝中	2.91	1	P14:8.43(黄花园—七星岗地铁站); P15:33.64(小什子地铁站)
观音桥	2.11	2	P7:14.68(大龙山地铁站);P9:4.97(加州路地铁站); P12:5.09(富力·美居天下)

续表 4-12

组团	均值	排序	高值点统计
大杨石	1.78	3	P17:3.72(歇台子地铁站);P18:3.38(石桥铺地铁站);P21:3.23(杨家坪地铁站)
南坪	1.73	4	P13:7.47(弹子石立交—富春花园);P19:4.75(工贸—南坪地铁站)
西彭	1.68	5	—
沙坪坝	1.6	6	P11:10.14(沙坪坝地铁站);P16:7.03(马家岩地铁站)
人和	1.51	7	P8:28.58(重庆涉外商务区);P10:4.11(金渝地铁站)
北碚	1.45	8	P1:3.19(文星湾—学府小区)
李家沱	1.43	9	P23:2.83(江南水乡社区);P24:3.85(金竹地铁站);P25:3.28(鱼胡路地铁站)
空港	1.41	10	—
礼嘉	1.33	11	P3:2.69(欢乐谷地铁站);P6:7.63(光电园地铁站)
大渡口	1.3	12	P22:4.46(马王场—平安地铁站)
悦来	1.28	13	P2:2.85(春华大道—腾芳大道)
鱼嘴	1.23	14	—
茶园	1.22	15	P20:2.62(水云路—刘家坪地铁站)
界石	1.21	16	—
西永	1.17	17	P4:2.78(大学城南二路—曾家大道);P5:3.45(微电园地铁站)
蔡家	1	18	—
唐家沱	0.86	19	—
水土	0.83	20	—
龙兴	0.77	21	—

4.1.5　综合指标测度

利用自然断点法对综合识别结果进行分级显示,结果如图4-13(a)、表4-13所示。整体视角下,要素峰值和高集聚区位置分布与不同维度的识别结果相似,密度高峰主要集中在渝中(P7、P8)、观音桥(P6)、大杨石(P9、P10、P12)、南坪(P11)与沙坪坝组团(P4),次高峰则分布于大渡口(P13)、李家沱(P14)、西永、茶园组团。根据图4-14剖面分析结果,内环内侧各峰值相近,并高于外侧,最高值位于观音桥组团。根据图4-13(a)、(b)密度综合计算及高集聚区识别结果,综合指标下内环内侧各中心影响范围与要素集聚程度相近。内环外侧的要素集聚功能则由北碚、空港、大渡口、李家沱组团及茶园、西永副中心承担。因此,综合视角下,重庆主城呈明显的“多中心,组团式”结构,内环内侧五个城市中心及副中心要素集聚水平与影响范围相近,发育程度较外围副中心成熟,内环外侧,不同要素主要集聚在西永、茶园、人和、空港、大渡口、李家沱等组团,内环内部整体要素集聚水平高于外侧。

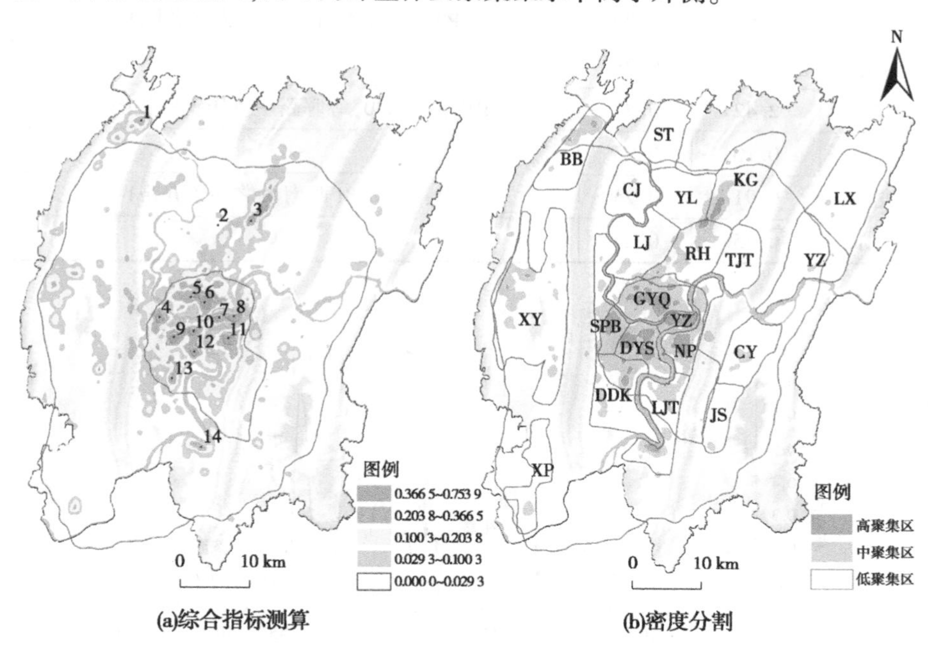

图4-13　重庆多中心综合指标计算结果与影响范围

表 4-13　重庆重要组团特征统计

组团	高值区		峰值统计
	面积/km²	均值	
渝中	6.55	0.39	P7:0.456 0(牛角沱—中山三路—人民广场); P8:0.701 5(解放碑—临江门—大井巷)
南坪	6.84	0.36	P11:0.694 3(工贸—上海城)
沙坪坝	5.10	0.34	P4:0.560 8(沙坪坝轻轨站)
大杨石	12.39	0.33	P9:0.590 2(石桥铺地铁站); P10:0.510 0(石油路—大坪地铁站); P12:0.572 0(杨家坪—石桥铺正街)
观音桥	15.04	0.33	P6:0.753 9(红旗河沟地铁站—建新北路)
李家沱	1.67	0.29	P14:0.391 0(鱼洞—巴县大道)
人和	1.87	0.29	P3:0.371 5(宝桐路—方泰花园)
空港	3.41	0.28	—
大渡口	2.42	0.27	P13:0.372 0(春晖路—重庆钢铁集团)
悦来	0.10	0.25	—
北碚	0.91	0.25	P1:0.267 8(西南大学—文五路)
西永	0.45	0.24	—

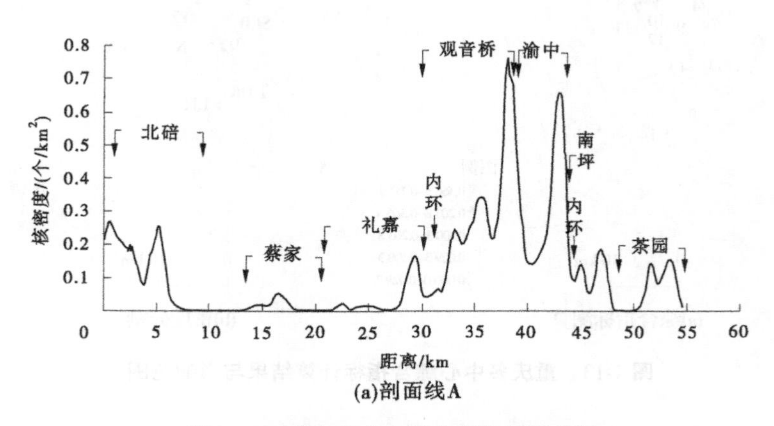

图 4-14　重庆多中心综合指标剖面分析

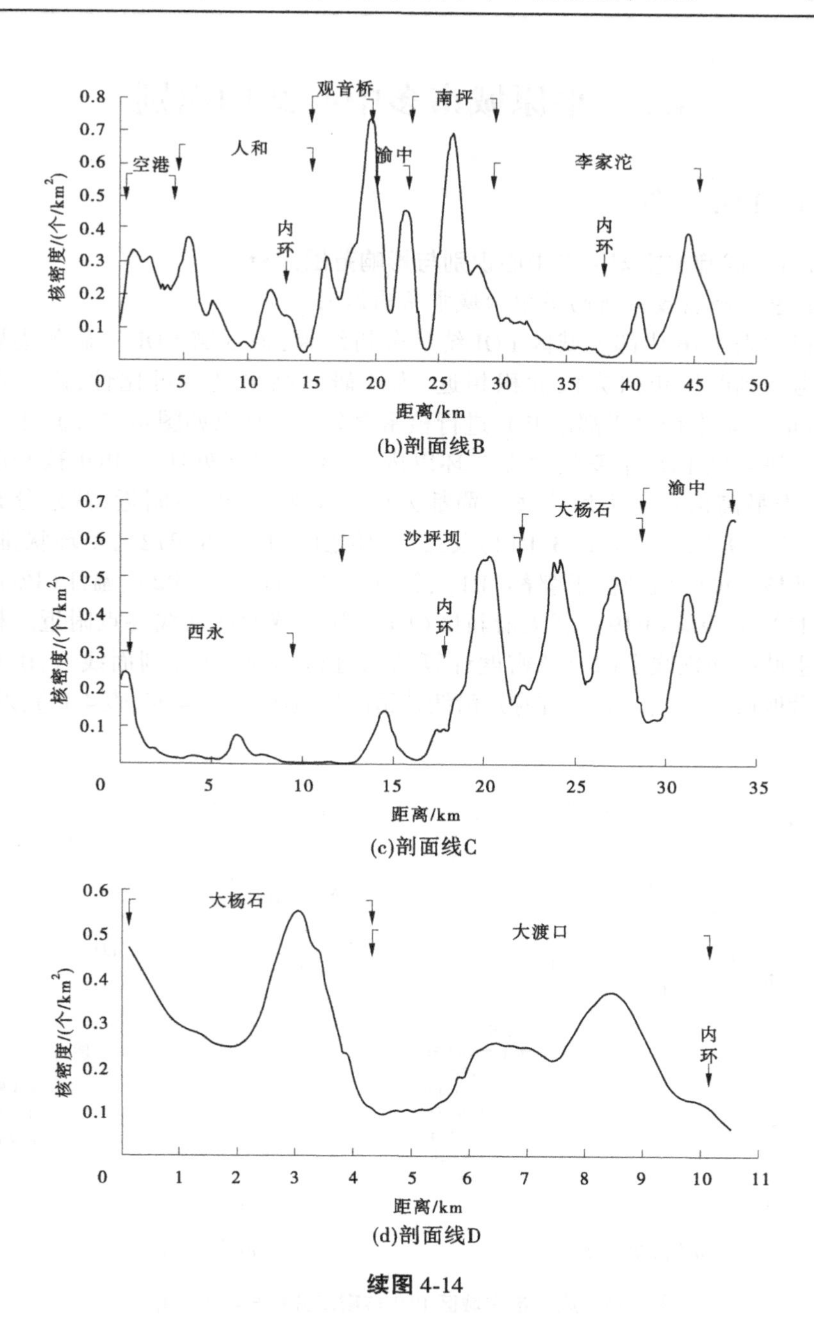

(b)剖面线B

(c)剖面线C

(d)剖面线D

续图 4-14

4.2　平原城市多中心结构识别

4.2.1　POI 视角

4.2.1.1　成都市主城区多中心识别与影响范围分析

1. 基于核密度分析的多中心城市结构识别

根据表 4-16 成都主城区 POI 统计分析结果，该区域 POI 呈显著集聚分布。考虑到两城市研究区面积相近，为使研究结果具有可比性，因此选取 1 500 m 搜索半径对成都市 POI 进行核密度分析。结果如图 4-15(a)、表 4-14 所示。研究区 POI 主要集中在三环以内，内部包含 9 处明显 POI 核密度峰值，其中最高值位于天府广场—蜀都大道—春熙路(P15)附近，其余分布在一、二环(P9、P10、P11、P13、P14)及二、三环之间(P7、P8、P12)，呈环状排布，四环外核密度峰值则位于郫都(P1)、新都(P3)、青白江(P2)、温江(P6)、双流(P17)、龙泉驿(P19)、新天府新区(P18)等区域的地铁线终点附近。根据成都主城区地铁线走向对核密度计算结果进行剖面分析(剖面线 A、B、C、D 分别沿地铁 2、3、4、1 号线，并穿过沿线核密度峰值区，见图 4-16、表 4-15)，发现：

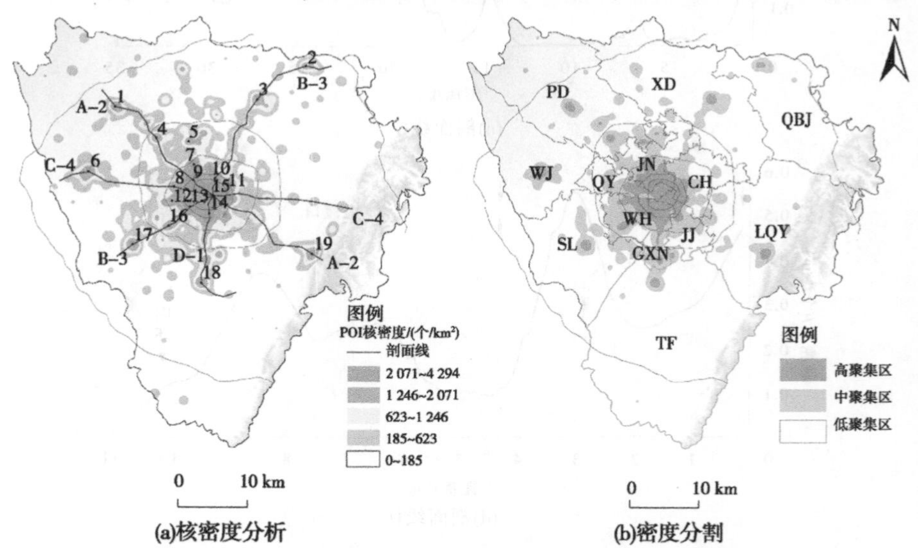

图 4-15　成都市主城区 POI 核密度分析与密度分割

表 4-14　成都市主城区 POI 核密度峰值统计

城区	位置与核密度/(个/km²)
锦江区	P15:4 294(天府广场—蜀都大道—春熙路)
青羊区	P8:2 000(清江西路地铁站—苏坡东路—文化宫)
金牛区	P7:2 974(中环路金府路段—交大路); P9:3 088(抚琴西路—二环路西三段—营门口路); P10:2 850(二环路北三段—成都火车站—人民北路二段)
武侯区	P12:1 861(晋阳路—晋吉北路); P13:2 970(二环路南四段—广福路—红牌楼地铁站); P14:3 008(省体育馆—倪家桥—桐梓林地铁站); P16:2 056(武侯大道铁佛段—百锦路—簇锦公园)
成华区	P11:2 559(一环路东一段、东二段—建设北路二段)
龙泉驿区	P19:2 600(驿都东路—龙泉驿地铁站)
新都区	P3:2 519(宝光大道中段—桂湖公园)
郫都区	P1:2 372(南大街—东大街—北大街)
温江区	P6:2 361(凤溪大道—来凤路)
双流区	P17:2 537(西安路一段—棠湖公园—前卫路中段)
青白江区	P2:1 839(华金大道二段—政府北路)
高新南区	—
新天府新区	P18:2 592(华阳大道—双华桥—华新下街)

三环内侧整体核密度值最高,最高峰位于一环内,跨越一环密度值迅速降低,并在一环与三环之间围绕 3 000 上下波动,各峰值差异较小;剖面线在越过三环后发生剧烈波动,核密度值显著降低,并在四环与五环之间形成密度次高峰。因此,根据 POI 核密度分析结果,成都主城区呈明显的多中心城市结构,城市核心区由锦江、青羊、金牛、武侯、成华五个中心城区共同构成,三环以内是成都主城的主中心,副中心的功能则由新都区、郫都区、温江区、双流区、龙泉驿区、青白江区与新天府新区等承担。

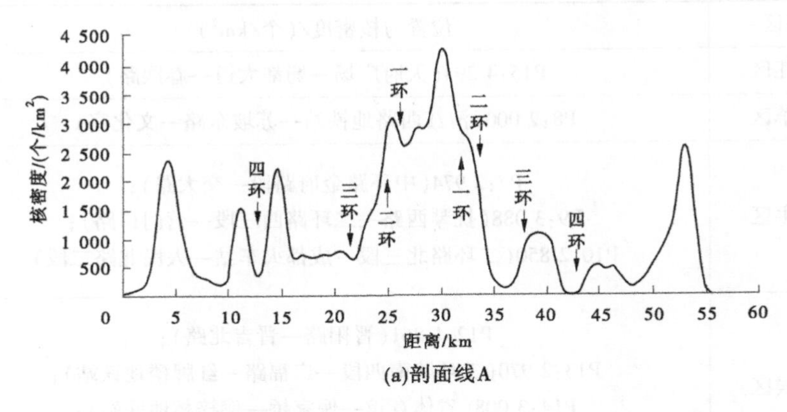

(a)剖面线A

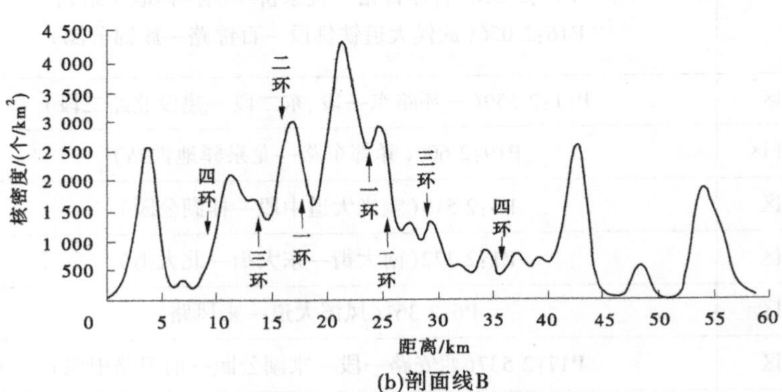

(b)剖面线B

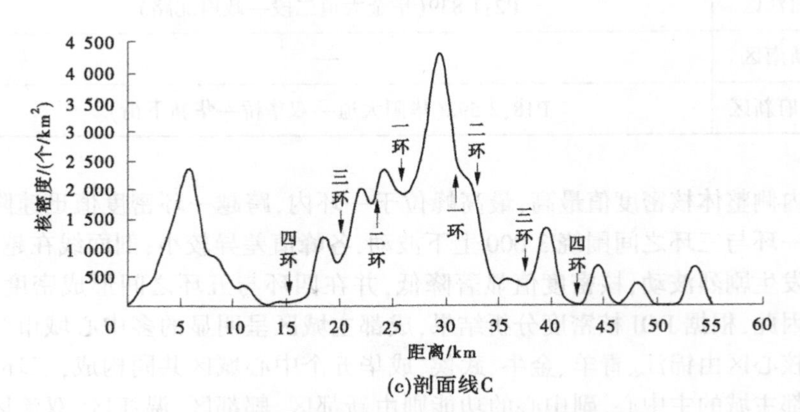

(c)剖面线C

图 4-16　成都主城区 POI 核密度剖面分析

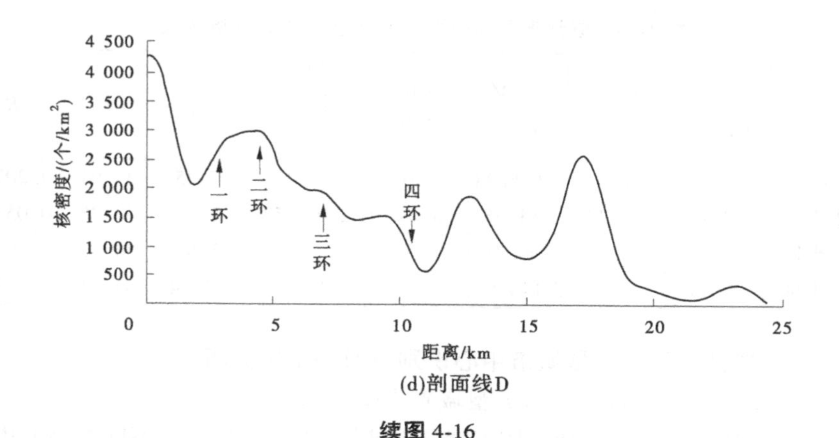

(d)剖面线D

续图 4-16

表 4-15　剖面线介绍

剖面线	介绍
A	沿地铁2号线,由西北向东南
B	沿地铁3号线,由西南向东北
C	沿地铁4号线,由北向南
D	沿地铁1号线,由西向东

2. 城市中心影响范围分析

基于自然断点法对成都市整体核密度分析结果进行密度分割,并结合POI数据,从统计上比较不同区域的POI空间分布特征,并进一步分析城市中心的影响范围与要素集聚程度。由图4-15(b)可知,高集聚区基本覆盖二环,主体位于三环以内,其余部分则主要分散在四环与五环之间并由地铁、高速与中心城区相连。中集聚区环绕在高集聚区外侧,主体分布在四环以内,沿高速公路带状延伸,其余部分为低集聚区。根据表4-16成都市POI统计分析结果,基于自然断点法划分的3个区域内POI集聚特征差异显著:高、中集聚区虽然面积较小,分别占研究区的3.64%与10.79%,但分别集中了整体42.78%与40.55%的POI,POI密度分别是整体水平的11.7倍与3.8倍,低集聚区面积最大,但POI集聚程度最低,POI密度仅为整体平均水平的19.48%。因此,城市主中心的影响范围主要集中在三环以内,集聚能力由内向外圈层式递减,三环外围的要素集聚功能由新都、郫都、温江、双流、龙泉驿、青白江与新天府新区等城区承担。

表 4-16 成都市不同类型区 POI 空间统计分析结果

区域	POI 个数/个	数量比/%	面积/km^2	面积比/%	POI 密度/(个/km^2)	d_i	d_e	R
主城区	753 932	100	3 675.34	100	205.13	7.25	34.91	0.207 7
高集聚区	322 512	42.78	133.96	3.64	2 407.52	2.87	53.38	0.053 8
中集聚区	305 753	40.55	396.71	10.79	770.72	5.55	54.82	0.101 2
低集聚区	125 667	16.67	3 144.67	85.56	39.96	22.94	85.51	0.268 3

4.2.1.2 成都市不同类型城市中心识别与影响范围分析

1. 基于核密度分析的不同类型城市中心识别

根据成都市不同类型 POI 核密度分析结果,研究成都主城不同类型城市中心的空间分布特征。由表 3-1 可知,成都主城区不同类型 POI 数量差异较大,各类型 POI 占比与重庆类似,其中生活服务类最多,占整体的 66.14%,公共服务类、商务类次之,分别占整体的 15.68%与 11.16%,居住类、休闲服务、金融类最少,均未超过 3%。根据表 4-17 统计分析结果,成都市各类型 POI 空间集聚特征明显。其中生活服务类最高,居住类最低,R 分别为 0.161 6 与 0.443 9。根据图 4-17 成都市不同类型 POI 核密度分析结果,各类型 POI 核密度高值区的主体均位于三环内侧,并具有不同的空间分布特征:生活服务类高值区面积最大,主体位于三环内侧,被锦江分割,包含 12 处明显峰值,不同峰值间距离较近,围绕天府广场呈环状排列,最高值位于天府广场—蜀都大道—春熙路一带;商务类共包含 8 处明显峰值,主要沿地铁线分布(P1、P2 靠近地铁 2 号线、P3、P6、P7、P8 被地铁 1 号线串联),最高值位于西华大道—北三环二段—交大路附近;金融类与商务类相似,核密度高值区沿地铁 1 号线排列(P6、P7、P9、P11),最高值位于天府广场—蜀都大道—春熙路一带;公共服务类高值区位于二环内,锦江北岸 POI 集聚规模较大,核密度峰值位于天府广场—蜀都大道—春熙路与浆洗街—华西坝地铁站一带;休闲娱乐类高值区主体位于二环内,包含 6 处明显峰值,最高值位于天仙桥南路—东门大桥地铁站—顺江路,居住类高值区与生活类相似,被锦江分割,并包含 5 个明显峰值,最高值位于顺城大街—新华大道德胜路—太升南路一带。三环外,各类型 POI 高值区位置与整体识别结果空间叠合度较高,均位于四环与五环之间的各地铁线终点附近,但商务类集聚特征不明显。根据图 4-18 不同类型 POI 核密度剖面分析结果,各类型 POI 均表现明显的多中心分布特征:三环内,各类型 POI 均拥有多个峰值,其中生活服务、休闲娱乐类峰值差异较小,锦江对于三环内 POI 峰值分布具有重要影响。各类型剖面

表4-17　成都市主城区各类型POI统计分析结果与空间分布

分类	d_i/m	d_e/m	R	POI核密度高值区位置与峰值
生活服务类	7	43	0.161 6	P1:1 768(南大街—东大街—北大街);P2:1 392(华金大道二段—政府北路);P3:1 902(宝光大道中段—桂湖公园);P4:1 771(犀浦地铁站—恒山北街—恒山南街);P5:1 595(海霸王路—犀安路);P6:1 735(凤溪大道—来凤路);P7:1 780(中环路金府路段—交大路);P8:1 795(蓉北商贸大道一段);P9:1318(清江西路地铁站—苏坡东路);P10:2 013(抚琴西路—二环路西三段—营门口路);P11:1 941(抚琴西路—二环路西三段—营门口路);P12:1 419(晋阳路—晋吉北路);P13:1 953(二环路西一段—双楠路);P14:1 615(衣冠庙—省体育馆—倪家桥地铁站);P15:1 719(一环路东一段/东二段—建设北路二段);P16:2 258(天府广场—蜀都大道—春熙路);P17:1 629(一环路东西段—牛王庙地铁站);P18:1 672(龙舟路—二环高架路);P19:1 580(武侯大道铁佛段—百锦路—簇锦公园);P20:1 893(西安路一段—棠湖公园—前卫路中段);P21:1 419(新中街—朝阳苑);P22:1 999(驿都东路—龙泉驿地铁站);P23:2 035(华阳大道—双华桥—华新下街)
商务类	33	105	0.315 7	P1:967(北三环一段—西华大道—北三环二段—交大路);P2:457(二环路北一段—为民路);P3:920(顺城大道—提督街);P4:377(武清南路—武科西五路);P5:500(红牌楼地铁站);P6:675(省体育馆—倪家桥地铁站);P7:492(和盛东街—益州大道北段);P8:798(吉泰路—天府三街地铁站)
金融保险类	55	282	0.194 7	P1:31(南大街—东大街—北大街);P2:37(华金大道二段—政府北路);P3:30(桂湖公园);P4:36(凤溪大道—来凤路);P5:60(清江西路地铁站);P6:157(天府广场—蜀都大道—春熙路);P7:107(倪家桥—桐梓林地铁站);P8:45(西安路二段—棠湖公园);P9:100(高新地铁站—益州大道北段—金融城地铁站);P10:42(驿都东路—龙泉驿地铁站);P11:78(世纪城地铁站—天府二街—天府三街地铁站)

续表 4-17

分类	d_i/m	d_e/m	R	POI 核密度高值区位置与峰值
公共服务类	28	88	0.320 8	P1:390(南大街—东大街—北大街);P2:260(华金大道二段—政府北路);P3:373(宝光大道中段—桂湖公园);P4:369(凤溪大道—来凤路);P5:777(天府广场—蜀都大道—春熙路);P6:723(浆洗街—华西坝地铁站—人民南路三段);P7:389(西安路一段—棠湖公园—西北街);P8:353(驿都东路—龙泉驿地铁站);P9:339(华阳大道—双华桥—华新下街)
休闲娱乐类	92	218	0.420 8	P1:81(绕城大道—蜀龙大道北段—新都大道);P2:95(柳台大道—杨柳东路北段);P3:75(槐树街—上同仁路);P4:79(一环路东二段—建设北路二段);P5:90(太升南路—蜀都大道);P6:77(一环路西一段—武侯祠大街—高升桥);P7:120(天仙桥南路—东门大桥地铁站—顺江路);P8:87(倪家桥地铁站);P9:57(西北街—西安路一段);P10:58(驿都东路—航天北路);P11:60(华新中街)
居住类	90	204	0.443 9	P1:90(南大街—东大街—北大街);P2:59(红阳路—同华大道—政府北路);P3:113(宝光大道中段—桂湖公园);P4:97(来凤路—迎晖路);P5:150(抚琴西路—二环路西三段);P6:108(一环路北三段—解放西路);P7:186(槐树街—长顺下街);P8:191(顺城大街—新华大道德胜路—太升南路);P9:165(一环路南三段—衣冠庙地铁站);P10:109(西安路一段—棠湖公园);P11:83(正北中街—华阳大道);P12:73(驿都东路—龙泉驿地铁站)

线跨过三环向外延伸,随着农田数量增多,POI 核密度迅速下降,并在三环与四环之间有小规模隆起。四环与五环之间,各类型剖面线出现多个密度次高峰(除商务类)。整体上,金融保险、休闲娱乐、居住类位于三环内的密度峰值明显

高于其在四环与五环之间形成的次高峰，生活服务类主、次峰值差异较小，商务类在四环外仅出现一个明显的密度次高峰。

因此，三环以内是各类型城市中心的主中心，除商务类外，各类型 POI 在四环外围的郫都、温江、双流、龙泉驿、新都、青白江、新天府新区等区域再次集聚，呈明显的多中心分布特征。基本农田、规划绿带及水系对多中心城市结构具有一定的影响。

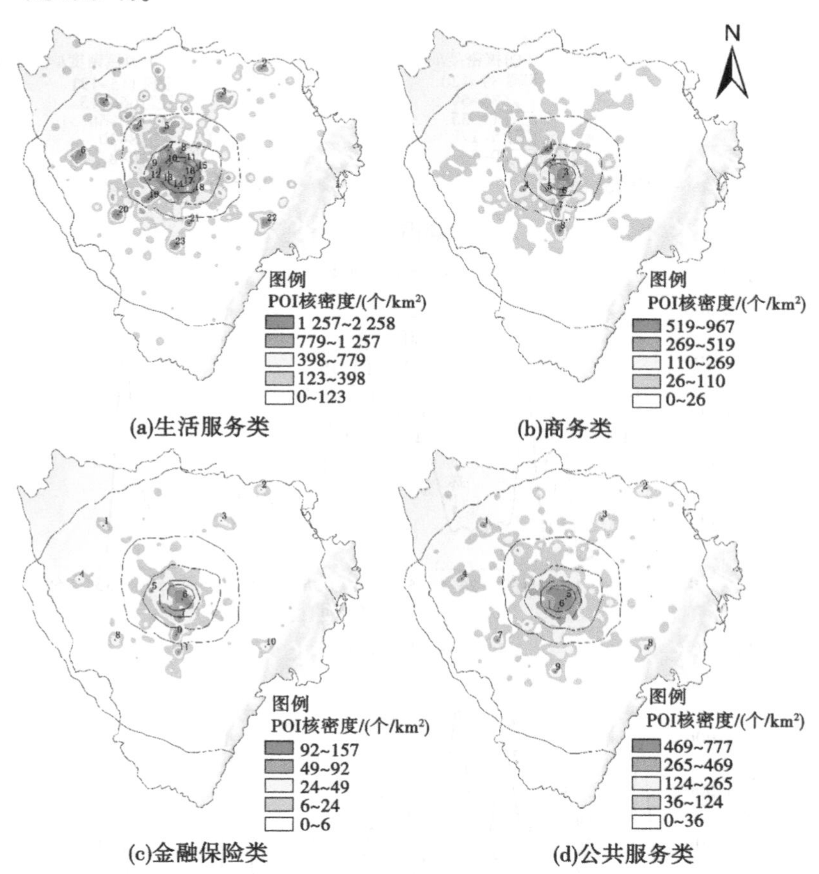

图 4-17　成都主城区各类型 POI 核密度分析

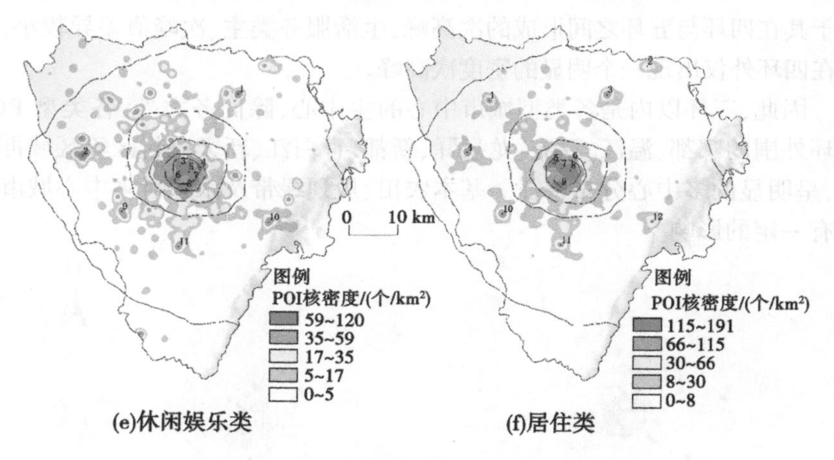

(e)休闲娱乐类　(f)居住类

续图 4-17

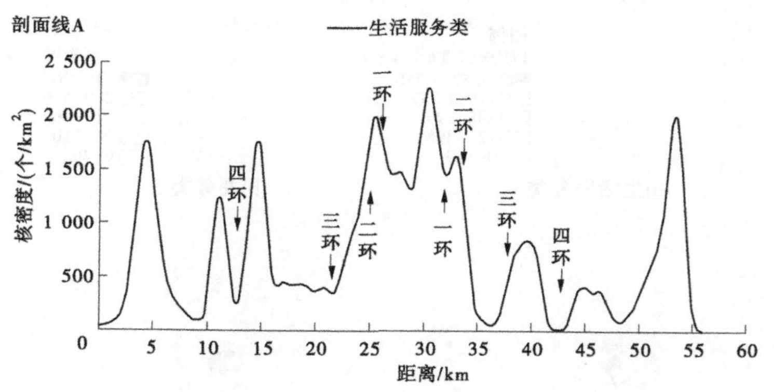

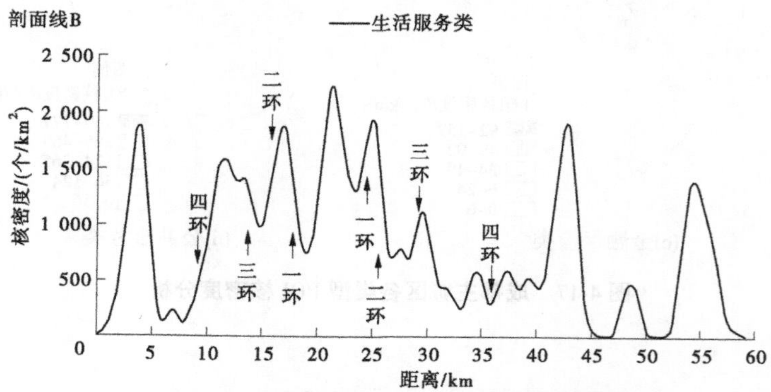

图 4-18　成都市各类型 POI 核密度剖面线

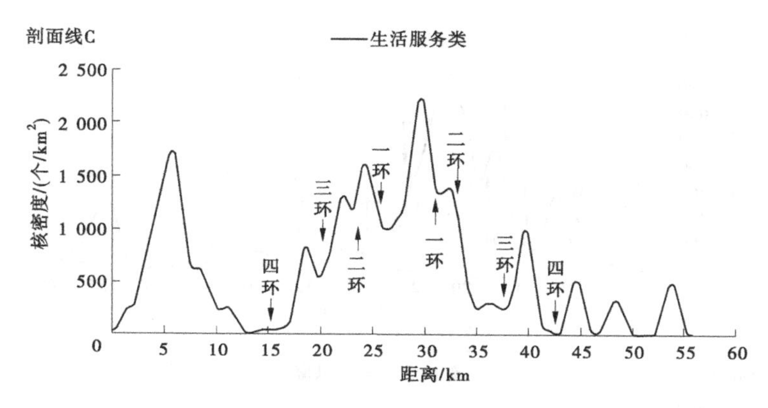
剖面线C
——生活服务类
核密度/(个/km²)
2 500
2 000
1 500
1 000
500
0
四环
三环
二环
一环
一环
二环
三环
四环
5 10 15 20 25 30 35 40 45 50 55 60
距离/km

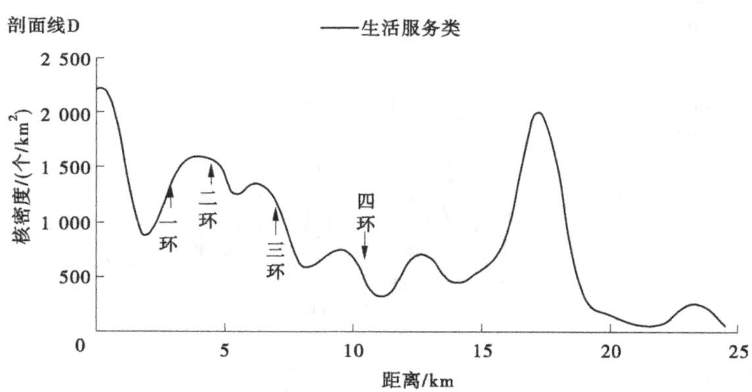
剖面线D
——生活服务类
核密度/(个/km²)
2 500
2 000
1 500
1 000
500
0
一环
二环
三环
四环
5 10 15 20 25
距离/km

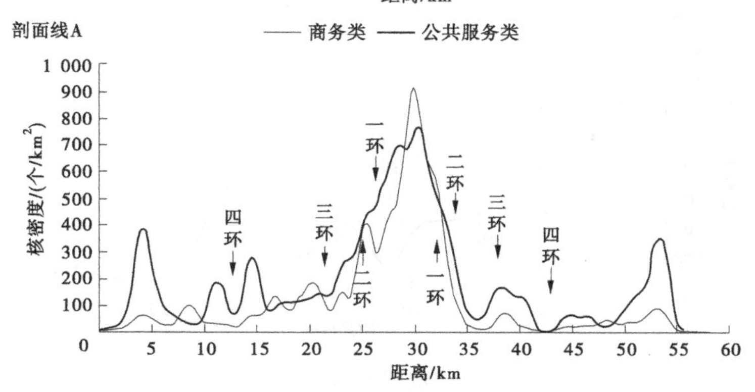
剖面线A
—— 商务类 —— 公共服务类
核密度/(个/km²)
1 000
900
800
700
600
500
400
300
200
100
0
四环
三环
二环
一环
一环
二环
三环
四环
5 10 15 20 25 30 35 40 45 50 55 60
距离/km

续图 4-18

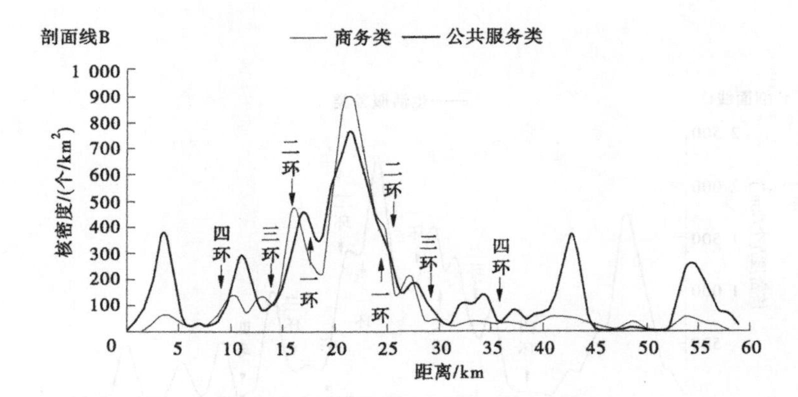
剖面线B
—— 商务类 —— 公共服务类
核密度/(个/km²)
1 000
900
800
700
600
500
400
300
200
100
0
5
10
15
20
25
30
35
40
45
50
55
60
距离/km
四环
三环
二环
一环
一环
二环
三环
四环

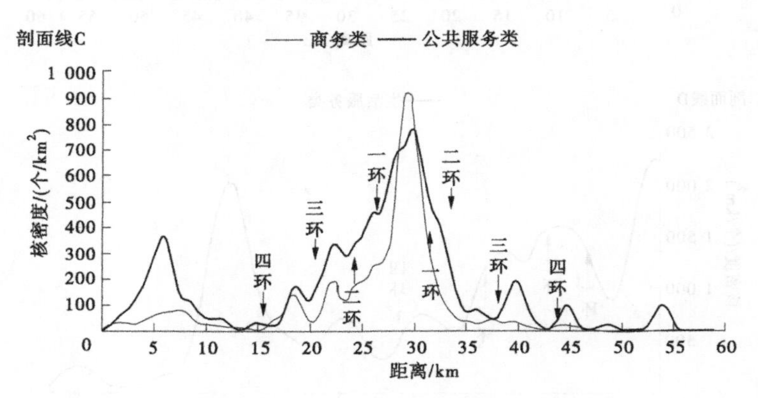
剖面线C
—— 商务类 —— 公共服务类
核密度/(个/km²)
1 000
900
800
700
600
500
400
300
200
100
0
5
10
15
20
25
30
35
40
45
50
55
60
距离/km
四环
三环
二环
一环
一环
二环
三环
四环

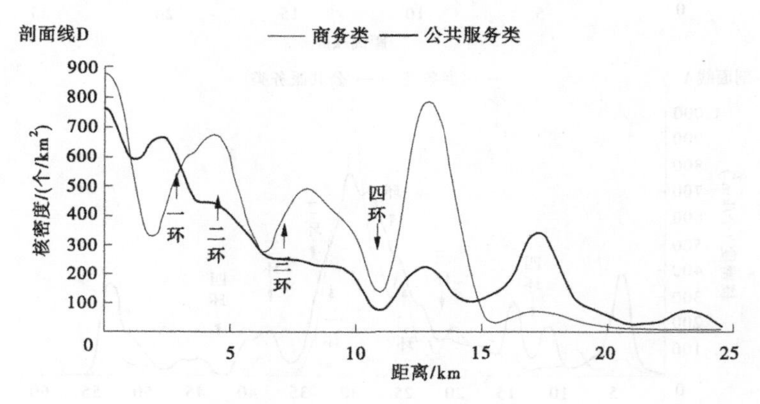
剖面线D
—— 商务类 —— 公共服务类
核密度/(个/km²)
900
800
700
600
500
400
300
200
100
0
5
10
15
20
25
距离/km
一环
二环
三环
四环

续图 4-18

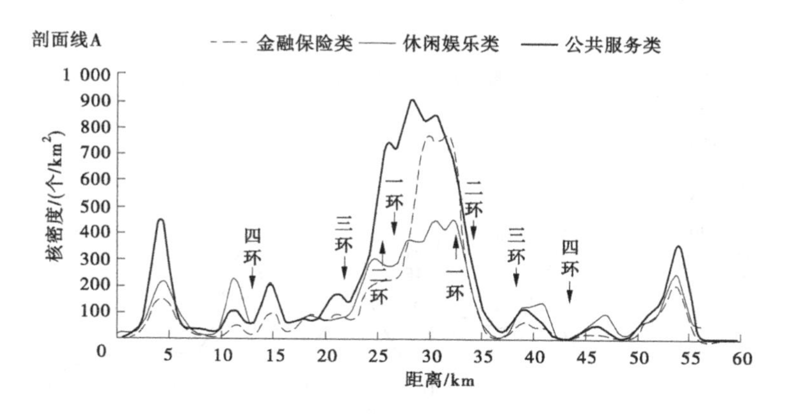

剖面线A
金融保险类
休闲娱乐类
公共服务类
核密度/(个/km²)
1 000
900
800
700
600
500
400
300
200
100
0
5
10
15
20
25
30
35
40
45
50
55
60
距离/km
四环
三环
二环
一环
一环
二环
三环
四环

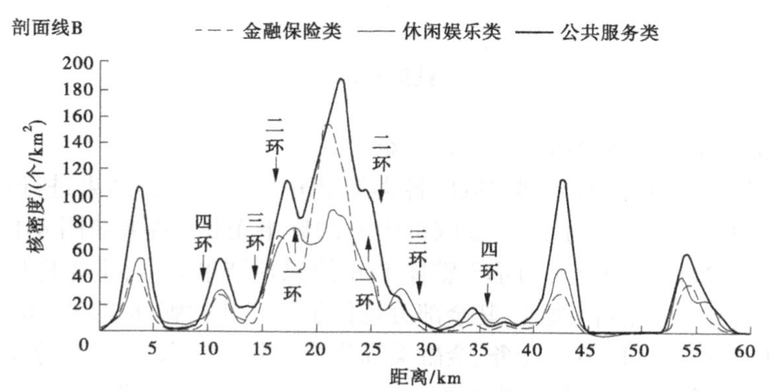

剖面线B
金融保险类
休闲娱乐类
公共服务类
核密度/(个/km²)
200
180
160
140
120
100
80
60
40
20
0
5
10
15
20
25
30
35
40
45
50
55
60
距离/km
四环
三环
二环
一环
一环
二环
三环
四环

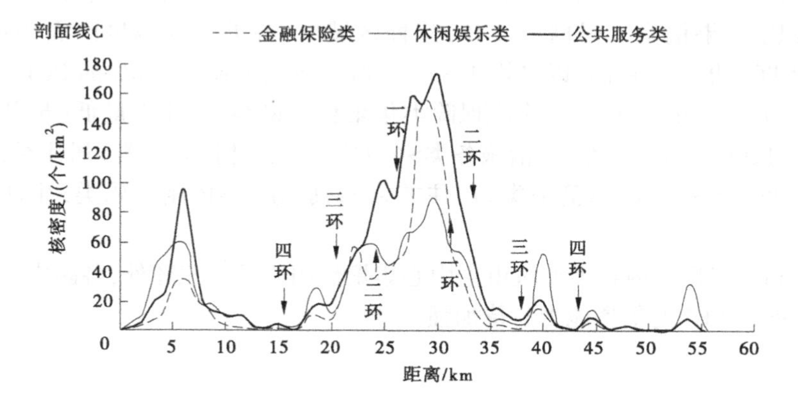

剖面线C
金融保险类
休闲娱乐类
公共服务类
核密度/(个/km²)
180
160
140
120
100
80
60
40
20
0
5
10
15
20
25
30
35
40
45
50
55
60
距离/km
四环
三环
二环
一环
一环
二环
三环
四环

续图 4-18

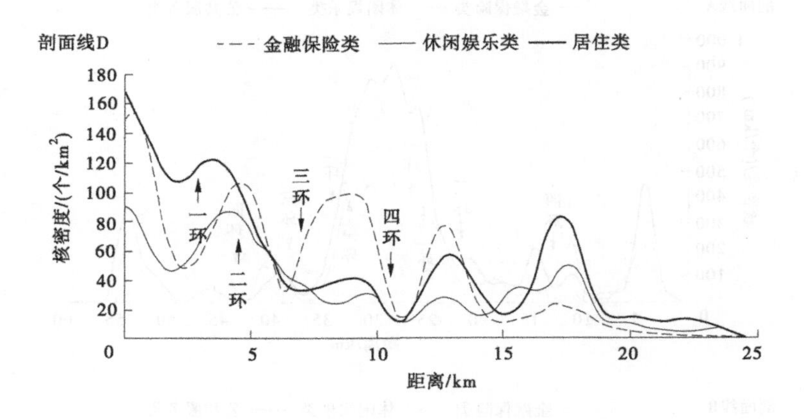

续图 4-18

2. 不同类型城市中心影响范围分析

根据自然断点法对成都主城区各类型 POI 核密度分析结果进行重分类,并结合 POI 数据,分析不同类型城市中心的影响范围,结果如图 4-19 所示。各类型高集聚区空间分布与基于整体 POI 的识别结果类似,主体均位于三环内部,除商务、金融保险类外,其余部分均位于三环外的郫都、温江、双流、龙泉驿、新都、青白江等区域。商务、金融类高集聚区除三环内,剩余部分主要分布于高新—金融城—孵化园与世纪城—天府三街—天府五街附近,分布重心较整体识别结果偏南。根据表 4-18,三种区域中,各类型高集聚区面积最小,POI 密度与集聚度最高,以平均 3.35%的城区面积集聚 36.58%的 POI。根据 R 值与单位 POI 密度可知,金融保险类集聚程度最高,居住类最低(最邻近比率:金融保险类>商务类>生活服务类>公共服务类>休闲娱乐类>居住类;单位 POI 密度:金融保险类>商务类>居住类>公共服务类>休闲娱乐类>生活服务类)。

因此,三环以内各类型城市主中心集聚作用明显。三环外,各副中心对金融、商务类 POI 的集聚能力有待加强。

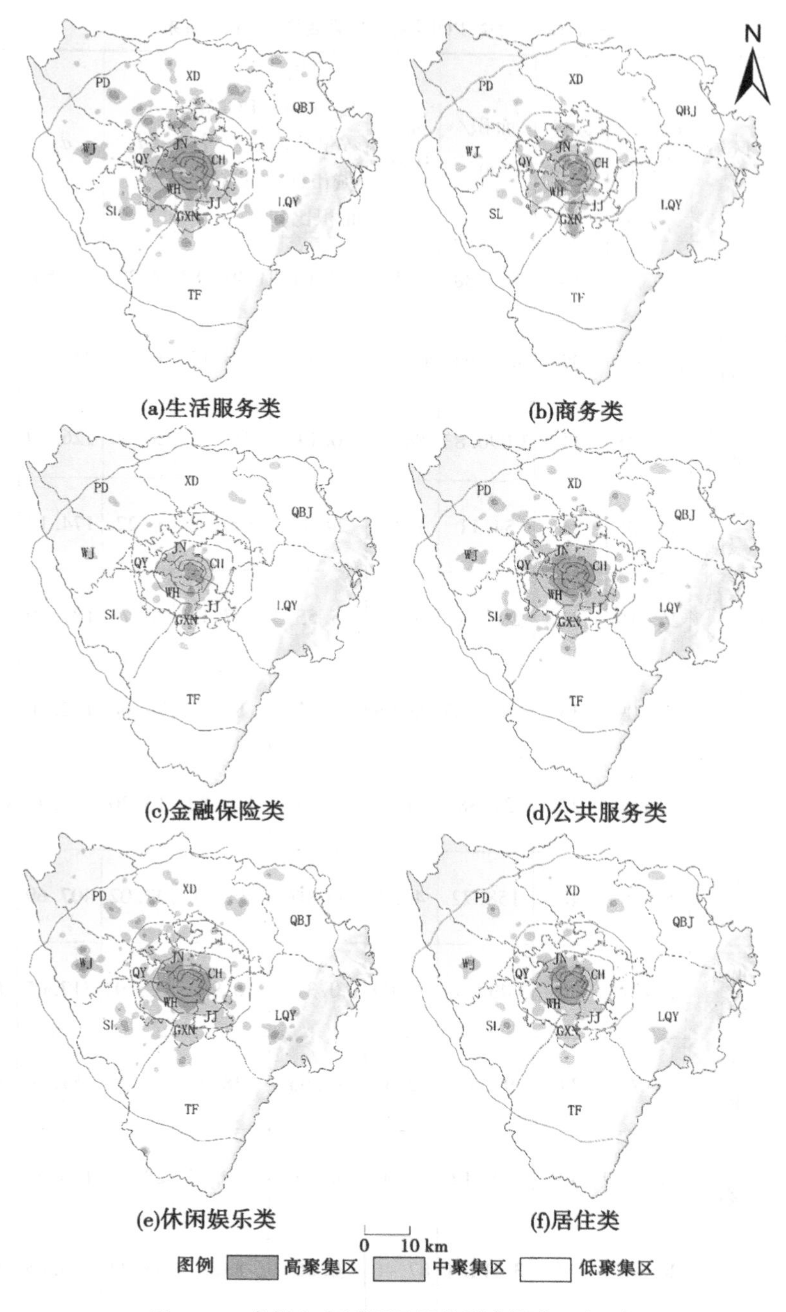

图 4-19　成都市主城区不同类型高聚集区识别

表4-18 六类POI不同类型区统计分析结果

功能	区域	POI个数/个	数量比/%	面积/km^2	面积比/%	单位密度(POI数量比/城市区面积比)	POI密度/(个/km^2)	d_i	d_e	R
生活服务类	高集聚区	250 783	50	167.88	4.57	11.01	1 493.83	3.22	60.53	0.053 3
	中集聚区	190 887	39	416.63	11.34	3.38	458.17	6.14	69.38	0.088 5
	低集聚区	56 981	11	3 090.83	84.1	0.14	18.44	26.66	126.99	0.21
商务类	高集聚区	30 306	36	54.11	1.47	24.47	560.08	6.22	174.12	0.035 7
	中集聚区	26 110	31	205.36	5.59	5.55	127.14	20.73	187.59	0.110 5
	低集聚区	27 709	33	3 415.87	92.94	0.35	8.11	74.68	182.10	0.410 1
金融保险类	高集聚区	2 600	22	21.88	0.6	37.76	118.82	15.30	594.47	0.025 7
	中集聚区	5 528	48	158.72	4.32	11.07	34.83	32.02	407.69	0.078 5
	低集聚区	3 437	30	3 494.74	95.09	0.31	0.98	125.91	517.05	0.243 5
公共服务类	高集聚区	40 267	34	91.83	2.5	13.63	438.51	13.09	151.06	0.086 7
	中集聚区	51 352	43	369.12	10.04	4.33	139.12	22.54	133.76	0.168 5
	低集聚区	26 602	23	3 214.4	87.46	0.26	8.28	63.74	185.85	0.343

续表 4-18

功能	区域	POI 个数/个	数量比/%	面积/km²	面积比/%	单位密度(POI 数量比/城市区面积比)	POI 密度/(个/km²)	d_i	d_e	R
休闲娱乐类	高集聚区	7 851	41	119.16	3.24	12.57	65.89	36.87	342.10	0.107 8
	中集聚区	7 454	39	382.63	10.41	3.72	19.48	67.65	351.09	0.192 7
	低集聚区	3 952	20	3 173.55	86.35	0.24	1.25	264.35	482.181 3	0.548 2
居住类	高集聚区	7 925	36	64.31	1.75	20.48	123.23	40.57	340.50	0.119 2
	中集聚区	8 329	38	227.75	6.2	6.08	36.57	71.65	332.14	0.215 7
	低集聚区	5 859	26	3 383.28	92.05	0.29	1.73	190.30	396.01	0.480 6

4.2.2 混合度视角

根据图 4-20(a)成都主城区混合度计算结果,研究区混合度均值为 0.055,并包含 20 处明显峰值。其中,二环内部是研究区混合度高峰的主要集聚地,有 4 处较为明显(P9、P10、P11、P12),分别位于营门口路、春熙路、高升桥地铁站、倪家桥地铁站,整体维持在 0.5~0.85,最高值为 0.835,位于春熙路地铁站—蜀都大道一带(P10)。在三环南侧、地铁 1 号线沿途出现 4 处连续峰值(P13、P17、P18、P20),分别位于地铁沿线高新、金融城、孵化园、天府三街、华阳等地铁站附近。其余峰值则位于郫都、温江等外围新城。

根据图 4-20(b)、表 4-19,研究区混合度重分类结果表明,高值区面积最小、混合度均值最高,达到 0.39,基本覆盖二环,三环作为城市中心,大约集中 65%的高值区,跨过三环向外,有少量高值区分布在地铁沿线附近(地铁 1、2、3、4 号)。经过四环向外延伸,外围城区的地铁线终点处均出现小规模混合度高值区。整体上,位于城市中心的高值区规模远大于外围副中心。中值区分布在高值区外侧,51%位于四环内部,并沿地铁线及城市主干道向四周扩散延伸。中、低值区混合度均值较低,分别为 0.16 与 0.017。

根据图 4-21 成都主城区混合度剖面分析统计结果，在 A、B、C 三个方向上，混合度曲线的变化趋势相似，一环内混合度峰值最高，最高值为 0.829，由一环向绕城高速（四环），混合度峰值逐层递减，四环外侧，混合度在各外围新城重新隆起，峰值维持在 0.4~0.5。剖面线 D 的变化与前者不同，从一环到四环，混合度峰值高度相近，仅三环处出现明显低谷，三环与四环之间的高新南区，混合度峰值与二环相似，达到 0.628，四环外围的天府新区，混合度较同一圈层的其余峰值高，最高值为 0.5。

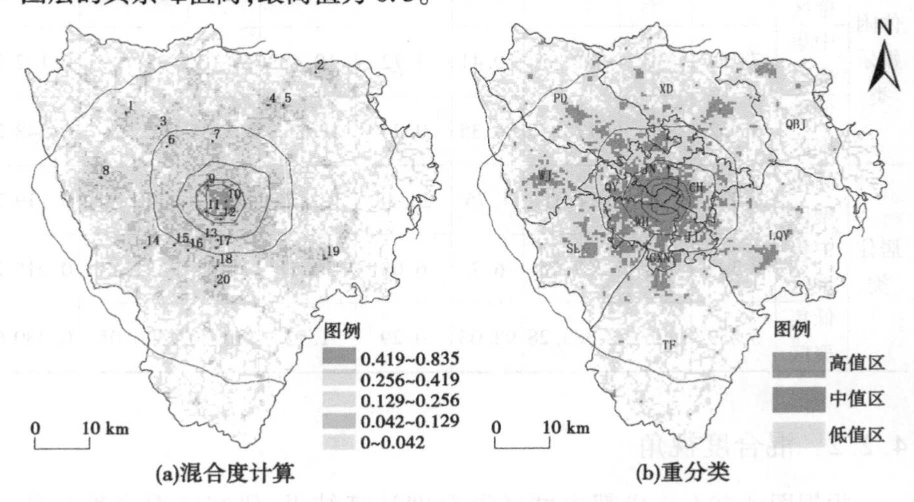

图 4-20　成都市主城区功能混合度计算结果

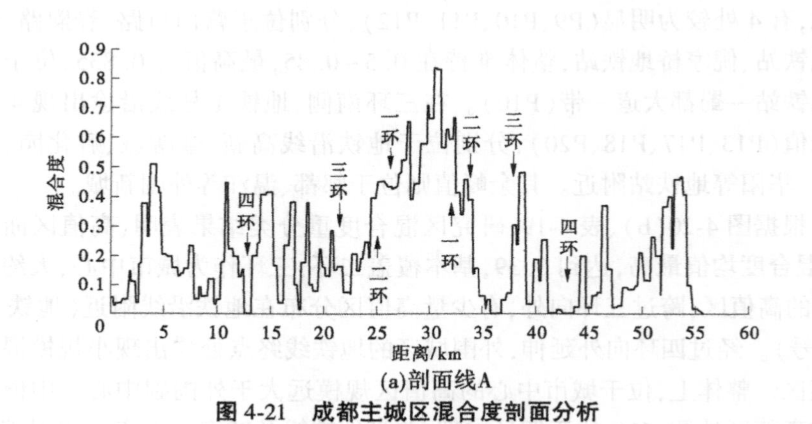

图 4-21　成都主城区混合度剖面分析

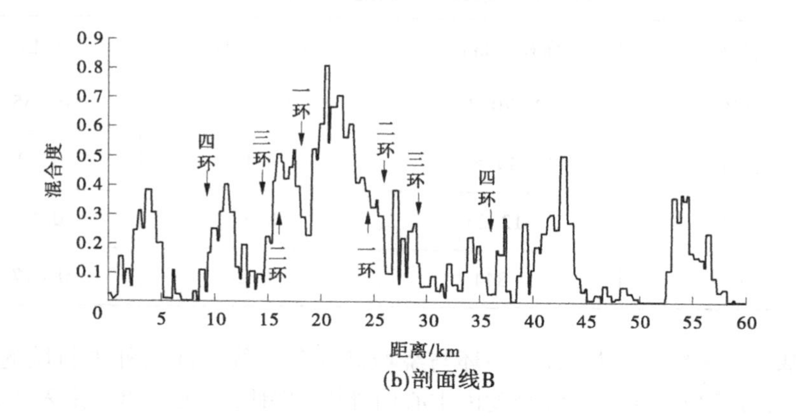

(b)剖面线B

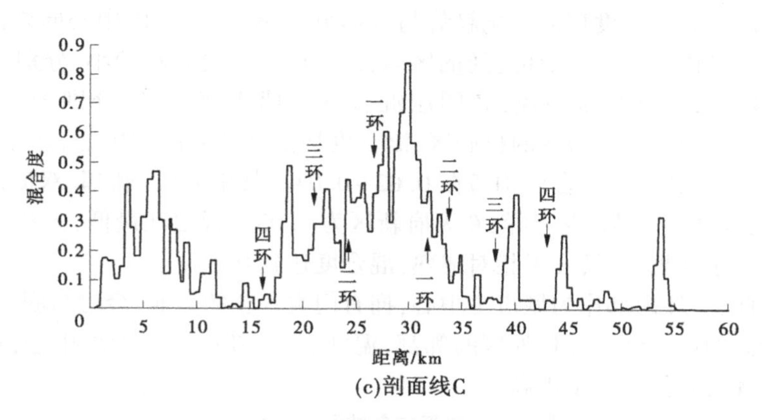

(c)剖面线C

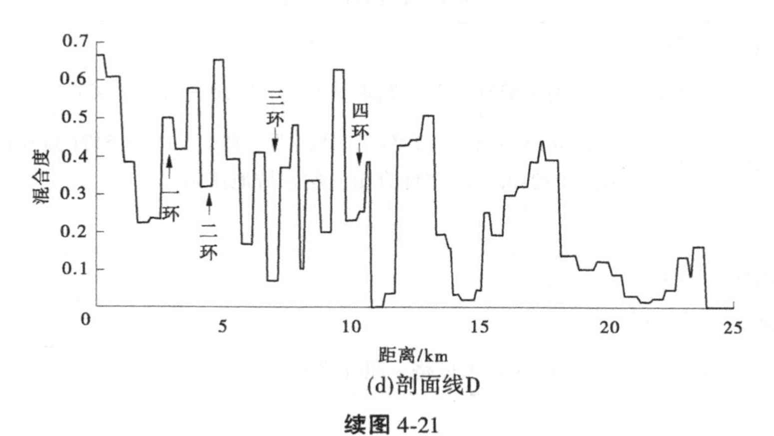

(d)剖面线D

续图 4-21

表 4-19 成都主城区混合度分区统计

名称	面积/(km^2)	面积比/%	均值
整体	2 270.75	61.8	0.055
高值区	114.5	3.1	0.39
中值区	312.25	8.5	0.16
低值区	1 844	50.2	0.017

基于分区统计工具,计算一环与绕城高速各环线之间及外围新城的混合度均值,分析成都主城区混合度由中心向外围的圈层变化规律。由表 4-20 可知,各环线间,混合度均值变化趋势与剖面分析结果相似,由中心向外围依次递减。一环内部及一、二环之间的区域,混合度较高且差距较小,分别为 0.44 与 0.34。二环至绕城高速,各圈层混合度均值迅速下降,分别为 0.16 与 0.07。三环内作为主城区的核心区,混合度均值远超外围副中心,达到 0.22。四环外侧,各新城区混合度均值在 0.02~0.04。其中温江、郫都、双流混合度相同,为 0.04。新都、龙泉驿、新天府新区为 0.03。青白江最低,为 0.02。高新南区由于规划较早,发展相对成熟,混合度达到 0.14。

因此,三环内部作为城市主中心,拥有门类齐全的商业、金融与服务机构,具有最高的混合度。三环外侧的郫都、温江、天府新区等作为副中心,功能混合度与规模有待进一步提高。

表 4-20 成都市各城区混合度统计

区域	均值	峰值及位置
一环	0.44	P10:0.835(太升南路地铁站—春熙路—市二医院)
一~二环	0.34	P9:0.593(营门口路—二环路西二段);P11:0.517(高升桥地铁站);P12:0.578(省体育馆—倪家桥地铁站)
二~三环	0.16	—
三~四环	0.07	—
三环	0.22	—
温江区	0.04	P8:0.464(来凤路—迎晖路)

续表 4-20

区域	均值	峰值及位置
郫都	0.04	P1:0.51(南大街—东大街—北大街);P3:0.449(红光路北一段—红佳路);P6:0.541(恒山南街—围城南路)
双流	0.04	P14:0.434(城北下街—花月东街);P15:0.443(锦华路四段—凉井二路);P16:0.506(珠江路—机场路)
新都	0.03	P4:0.501(宝光大道中段—新新街);P5:0.456(西南石油大学);P7:0.453(金丰路—文化路);
龙泉驿	0.03	P19:0.466(龙泉驿地铁站);
青白江	0.02	P2:0.371(红阳路—同华大道—华金大道二段);
新天府新区	0.03	—
高新南区	0.14	P13:0.482(高新地铁站—益州大道北段);P17:0.628(金融城—孵化园地铁站);P18:0.507(世纪城—天府三街地铁站—吉泰路—天府二街)
天府新区	0.02	P20:0.441(正北中街—华阳大道三段)

4.2.3 人口动态视角

4.2.3.1 研究区多中心识别与影响范围分析

基于图4-22(a)、(c)与表4-21的休息日、工作日成都市各时段核密度分析结果,热力峰值主体集中在三环内侧,以及三环外围的郫都、温江、双流、龙泉驿、青白江与新都等区域,三环内热力峰值明显高于外侧。休息日,07:00,成都主城区出现多个热力峰值,一环内包含3处(P23、P20、P21),分别位于天府广场—蜀都大道—春熙路(最高值)、大石西路——环路西一段与永陵路—西安北路—槐树街附近,一环、二环及二环、三环之间分别包含3处(P12、P13、P22)与9处(P11、P14、P15、P16、P18、P19、P26、P27、P28)热力峰值,07:00—13:00,随着三环内人口不断集聚,热力值迅速提高,各峰值逐渐融合,截至13:00,仅剩天府广场—蜀都大道—春熙路与成都火车站两处明显峰值,并维持到17:00,19:00—21:00,三环内多峰值形态再次出现。三环外围峰值则主要集中在郫都(P1、P2、P4、P5、P6)、温江(P9)、双流(P24、P32、P33、P34、P35)、新天府新区(P36、P37)、龙泉驿(P17、P19、P30、P31)、青白江(P3)与新都(P7、P8)等区域。工作日,研究区人口热力峰值整体变化与休息日类似,07:00—17:00,三环内热力峰值逐渐融合,各峰值热力逐步提高,最高值位置与休息日相同,但热力值低于休息日,各热力峰值在17:00后逐步下降。在空间分布方面,不同于休息日,工作日三环内出现3处新的热力峰值(P12、P22、P23),分别位于营门口路—二环北一段、浆洗街—四川省农业农村厅、省体育馆—新南路—磨子桥地铁站,三环外侧,位于地铁1号线两侧的高新—金融城—孵化园(P31、P34)与世纪城—天府三街(P35)、郫都区西华大学凤凰学院(P1)等区域的人口集聚程度明显高于休息日,而位于三环内蜀汉路东地铁站(P12)、永陵路—西安北路—槐树街(P21)、二环路东四段(P26)、郫都区东大街(P1)与青白江区同华大道(P3)附近的热力峰值消失。基于表4-22对比休息日与工作日人口热力的峰值分布,发现共有33处热力峰值的空间位置相似,其中有13处休息日平均热值高于工作日,3处两时段热力峰值相似,整体上三环内部各热力峰值间距离较近,形态上较外围各区域紧凑。基于图4-23热力剖面分析结果:一环内天府广场—蜀都大道—春熙路的热力值明显高于其他地区,是各条剖面线热力次高峰的两倍,沿最高值向两边延伸,热力值迅速下降,并在外围形成多个热力高峰;A、B、C三条剖面线在休息日与工作日的峰值基本相同;D剖面线位于三环外侧的高新南区与天府新区部分,工作日热力值明显高于休息日,并出现四处热力峰值。因此,由分析可知,各时段下,成都市主城区人口以三环内老城区为主中心,郫都、温江、双流、新天府新区、龙泉驿、新都与青白江等区域为副中心的多中心结构。三环内的人口集聚程度显著高于外侧副中心。

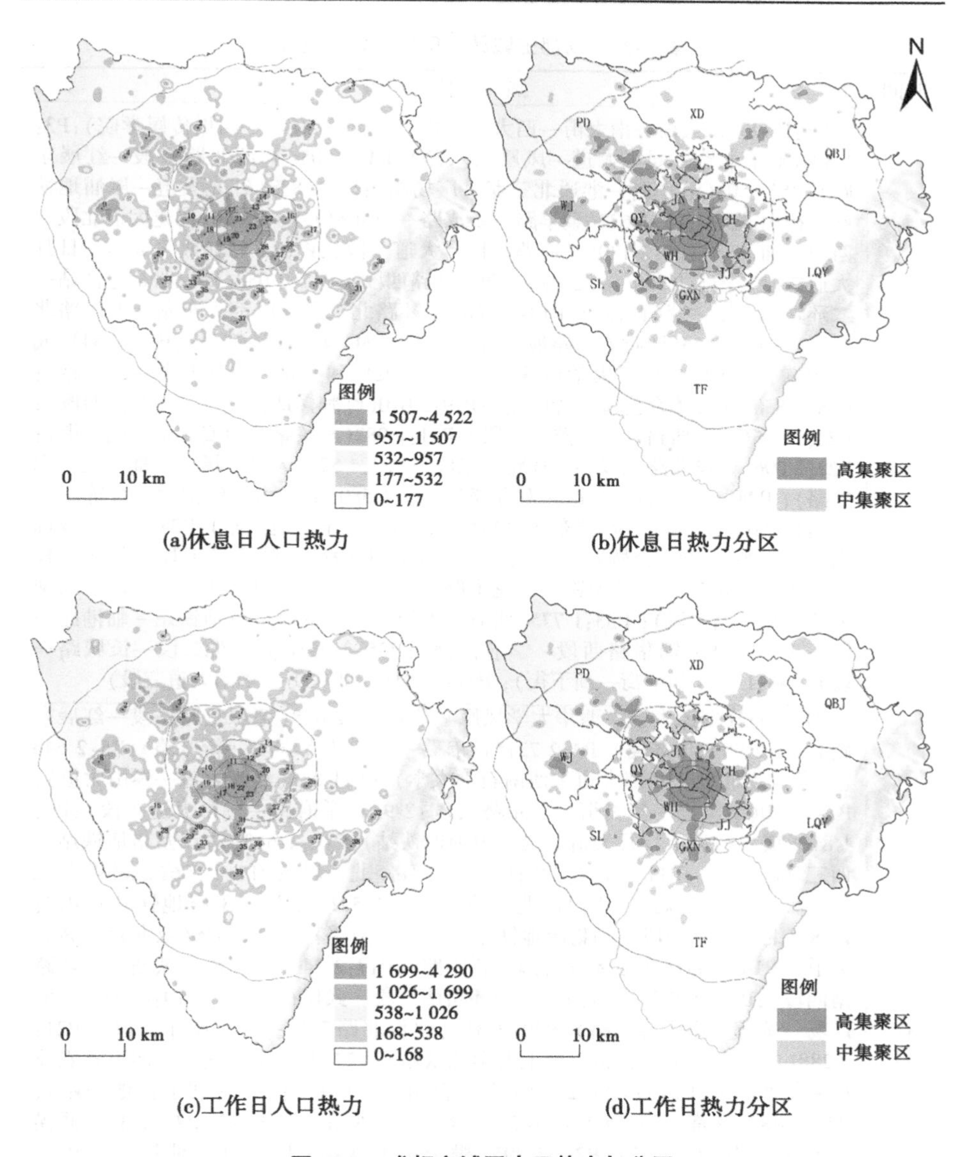

(a)休息日人口热力　(b)休息日热力分区

(c)工作日人口热力　(d)工作日热力分区

图 4-22　成都主城区人口热力与分区

表 4-21　成都主城区人口热力峰值统计

时间	热力峰值及位置
休息日	P1:1 396(东大街—南大街—西大街);P2:2 172(沙府路—四川传媒学院);P3:1 304(政府北路—同华大道—凤凰西八路);P4:2 205(德源北路一段—红展东路);P5:2 503(港华路—港通北三路—广场路);P6:1 838(红光大道—犀浦地铁站—衡山北路);P7:1 622(金丰路—敬成路—方元路);P8:2 140(蜀龙大道北段—西南石油大学);P9:2 130(学府路—柳台大道东段);P10:1 724(成飞大道—日月大道二段);P11:1 588(清江西路—西三环路四段);P12:2 058(蜀汉路东地铁站—二环路西三段—营门口路);P13:2 566(二环路北二段—成都火车站—人民路北二段);P14:1 735(昭觉寺南路地铁站);P15:1 674(动物园地铁站);P16:1 543(成华大道十里店路—理工大学地铁站);P17:2 024(和平路—成都大学—江华路);P18:1 850(东坡体育公园—晋阳路);P19:2 010(红牌楼地铁站—二环路南四段);P20:2 316(大石西路——环路西一段);P21:1 982(永陵路—西安北路—槐树街);P22:2 096(建设北路二段——环路东二段);P23:4 522(天府广场—蜀都大道—春熙路); P24:1 628(高新大道—双九路);P25:1 580(武侯大道铁佛段—百锦路);P26:1 728(龙舟路—二环路东四段);P27:1 818(狮子山地铁站);P28:1 866(成都东站); P29:1 400(金桉路—龙城大道); P30:1 597(成都信息工程学院龙泉校区); P31:1 817(龙泉驿地铁站—龙平路地铁站);P32:1 425(西安路一段—棠湖公园—藏卫路中段); P33:1 775(西航港大道一段—双流机场地铁站—临港路一段); P34:1 980(锦华路西段—学府西路);P35:2 052(川大路二段—长城路一段);P36:1 720(新中街—新下街); P37:1 691(正北中街—华阳大道三段)
工作日	P1:1 632(蜀源大道—西华大学凤凰学院);P2:2 628(德源北路一段—红展东路);P3:2 989(广场路);P4:2 721(沙府路—四川传媒学院—新犀路);P5:2 646(蜀龙大道北段—新都大道—西南石油大学);P6:1 828(红光大道—泰山大道);P7:1 320(金丰路—华美街—方元路);P8:2 932(学府路—柳台大道东段);P9:1 810(成飞大道—日月大道二段—中坝地铁站);P10:1 613(清江西路地铁站—西三环路四段);P11:2 168(营门口路——环路北一段);P12:2 706(二环路北二段—火车北站地铁站—人民路北二段);P13:1 591(昭觉寺南路地铁站);P14:1 383(北三环路四段—动物园地铁站—昭觉寺南路);P15:1 536(双九路—高新大道);P16:1 657(东坡体育公园—晋阳路);P17:2 249(红牌楼地铁站—二环路南四段);P18:2 473(大石西路——环路西一段—武侯祠大街);P19:4 290(天府广场—蜀都大道—春熙路);P20:2 315(建设北路二段——环路东二段);P21:2 288(成华大道十里店路—理工大学地铁站);P22:2 453(浆洗街—四川省农业厅—华西坝地铁站);P23:2 275(省体育馆——环路南二段-磨子桥地铁站);P24:1 482(成都东站);P25:2 143(成都大学地铁站—江华路);P26:1 373(武侯大道铁佛段—百锦路);P27:2 295(狮子山地铁站—四川师大地铁站);P28:1 286(西安路一段—棠湖公园—藏卫路中段);P29:2 388(双流机场地铁站—临港路一段);P30:2 246(锦华路西段—学府西路);P31:2 237(益州大道北段—高新地铁站);P32:1 885(成都信息工程学院龙泉校区);P33:2 090(川大路二段—长城路一段);P34:2 187(孵化园地铁站);P35:3 241(世纪城—天府三街地铁站);P36:1 626(新中街—新下街);P37:1 903(成龙大道二段—龙城大道);P38:1 735(龙泉驿地铁站—龙平路地铁站);P39:1 543(正北中街—华阳大道三段)

表 4-22　成都主城不同时段热力峰值空间对应关系

类型	休息日编号(热力)-工作日编号(热力)
休息日>工作日	7(1 622)-7(1 320);14(1 735)-13(1 591);15(1 674)-14(1 383);18(1 850)-16(1 657);23(4 522)-19(4 290);24(1 628)-15(1 536);25(1 580)-26(1 373);28(1 866)-24(1 482);31(1 817)-38(1 735);32(1 425)-28(1 286); 36(1 720)-36(1 626);37(1 691)-39(1 543)
休息日<工作日	2(2 172)-4(2 721);4(2 205)-2(2 628);5(2 503)-3(2 989);8(2 140)-5(2 646);9(2 130)-8(2 932);10(1 724)-9(1 810);12(2 058)-11(2 168);13(2 566)-12(2 706);16(1 543)-21(2 288);17(2 024)-25(2 143);19(2 010)-17(2 249);20(2 316)-18(2 473);22(2 096)-20(2 315);27(1818)-27(2 295);29(1 400)-37(1 903);30(1 597)-32(1 885);33(1 775)-29(2 388);34(1 980)-30(2 246)
休息日=工作日	6(1 838)-6(1 828);11(1 588)-10(1 613);35(2 052)-33(2 090)

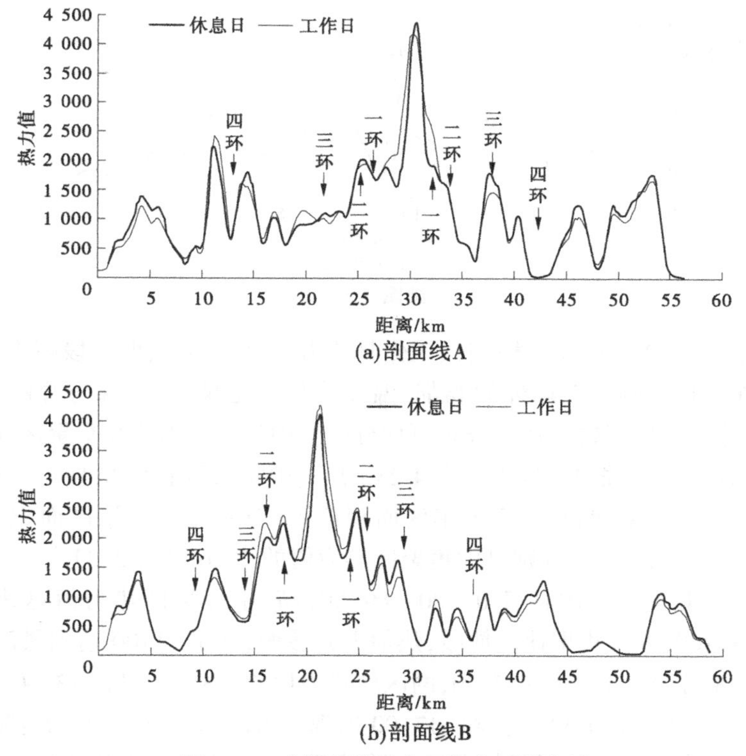

图 4-23　成都主城区人口热力剖面分析

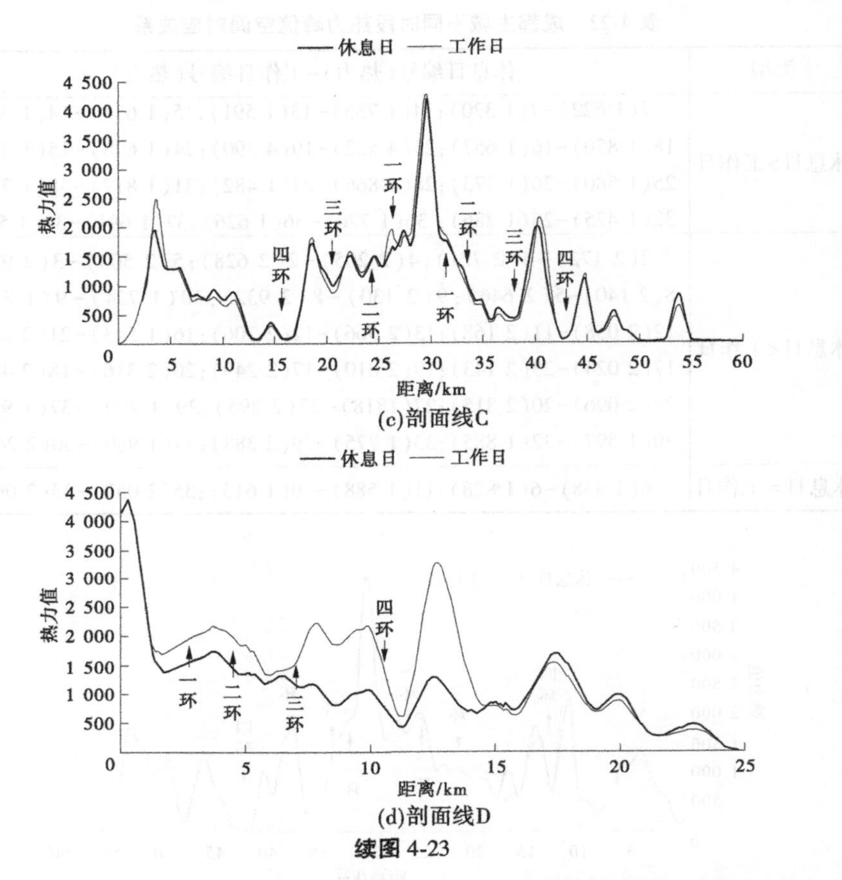

(c)剖面线C

(d)剖面线D

续图 4-23

根据图 4-22(b)、(d)休息日、工作日热力重分类结果,两时段高集聚区主要分布在三环内侧及三环外的郫都、温江、双流、龙泉驿、新都与青白江等区域,三环外高集聚区较三环内分布更加分散。中集聚区围绕高集聚区外侧,主体位于四环以内。根据图 4-24、表 4-23 的高、中集聚区在休息日与工作日各时段热力统计结果,两时段高聚集区面积最小(分别是中集聚区面积的 44% 与 34%)、热力度最高(分别是中集聚区热力值的 2. 26 倍与 2. 37 倍),区域内城市人口高度集聚。休息日 07:00—09:00,高、中集聚区热力值迅速上升,09:00—11:00,人口集聚速度放缓,热值上升缓慢,并于 11:00 达到最高值,分别为 1 548 与 688,11:00—17:00,两区域热力值相对稳定,仅在 13:00 出现小幅波动,平均维持在 1 523 与 668,17:00 出现热力次高峰,17:00—21:00,两区域热力值逐渐下降。相对于休息日,工作日高、中集聚区内平均热值明显大于休息日,07:00—09:00,两区域热值曲线的斜率明显较休息日更陡,人口聚集速度更快,于 09:00 达到一天中的最大值,分别为 1 878 与 789,09:00—17:00,两区域热力值均维持在较高水平,仅高集聚区在 13:00 出现了小幅波动,该时段平均值分别为 1 815 与 748,两区域热力值于 17:00 出现次高峰,随后热力值逐步降低。面积变化方面,工作日高集聚区面积小于休息日,且随时间变化最为明显,07:00—09:00,面积迅速降低,并达到一天中的最低值,09:00—17:00,高集聚区面积基本不变,整体维持在 135 km^2 左右,17:00 后面积逐步升高;其余类型区面积在统计时段内无明显波动,分别维持在 213 km^2、481 km^2 与 485 km^2 上下。因此,锦江、青羊、武侯等主城五区作为城市主中心,其对人口的影响范围主要集中在三环内侧,从中心向外围逐步减弱,四环外围人口集聚功能由外围新城承担。

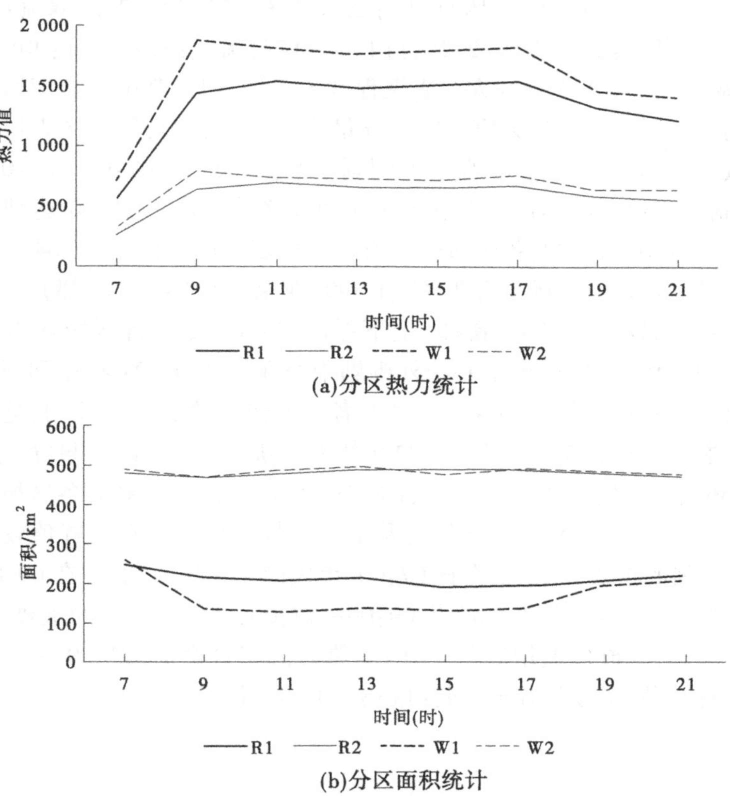

(a)分区热力统计

(b)分区面积统计

图 4-24　成都主城区不同时段下各类型区热力统计结果

表 4-23 成都主城区不同类型区热力统计值

区域	休息日				工作日			
	热力值			面积/km²	热力值			面积/km²
	平均值	最大值	最小值		平均值	最大值	最小值	
高集聚区	1 429	4 523	1 029	209.7	1 674	4 291	1 195	154.21
中集聚区	631	1 029	337	481.88	718	1 195	387	478.63

4.2.3.2 各城市中心人口集聚的动态特征

通过目视解译成都主城三环内部及外围新城所属人口高集聚区，并计算各区域不同时间节点的平均热值，结果如图 4-25、表 4-24 所示。除青白江外，各区域工作日热力均值比休息日高 25%左右（主中心：225，双流：301，新天府：406，龙泉驿：200，郫都：272，青白江：-177，温江：395，新都：408），各城市中心（副中心）在工作日的人口集聚程度大于休息日，其中高新南区热力差异最为明显，新都区次之，天府新区差异最小，三环内部是研究区人口集聚的核心区域，人口集聚程度显著高于外侧副中心。休息日，07:00—09:00，各城市中心/副中心热力值迅速上升，09:00 后增速减缓，并在 11:00 达到当天的首个峰值，11:00—17:00，各区域热力值趋于稳定，分别维持在 1 647（主中心）、1 401（双流）、1 308（新天府新区）、1 399（龙泉驿）、1 454（郫都）、1 233（青白江）、1 492（温江）、1 390（新都）上下浮动，17:00 之后各区域热力值逐步下降。不同于休息日，城市中心与外围副中心在工作日 09:00 达到当天首个热力峰值（青白江除外），09:00—17:00，各区域热力值有微弱波动，整体维持在 1 863（主中心）、1 674（双流）、1 929（新天府新区）、1 551（龙泉驿）、1 716（郫都）、956（青白江）、1 877（温江）、1 812（新都）左右，17:00 后各区域热力值逐步降低。由此推测，休息日市民无须上班是导致该时段热力峰值较工作日推迟 2 h 来临的主要原因，工作日 07:00，市民向工作地流动，并在 09:00 前赶到单位，进而形成第一个热力峰值，09:00—17:00，是居民工作的主要时段，手机使用频率高，人群位置相对固定，因此热力值相对稳定，17:00 后市民陆续下班，手机使用频率逐步降低，研究区热力值出现回落。

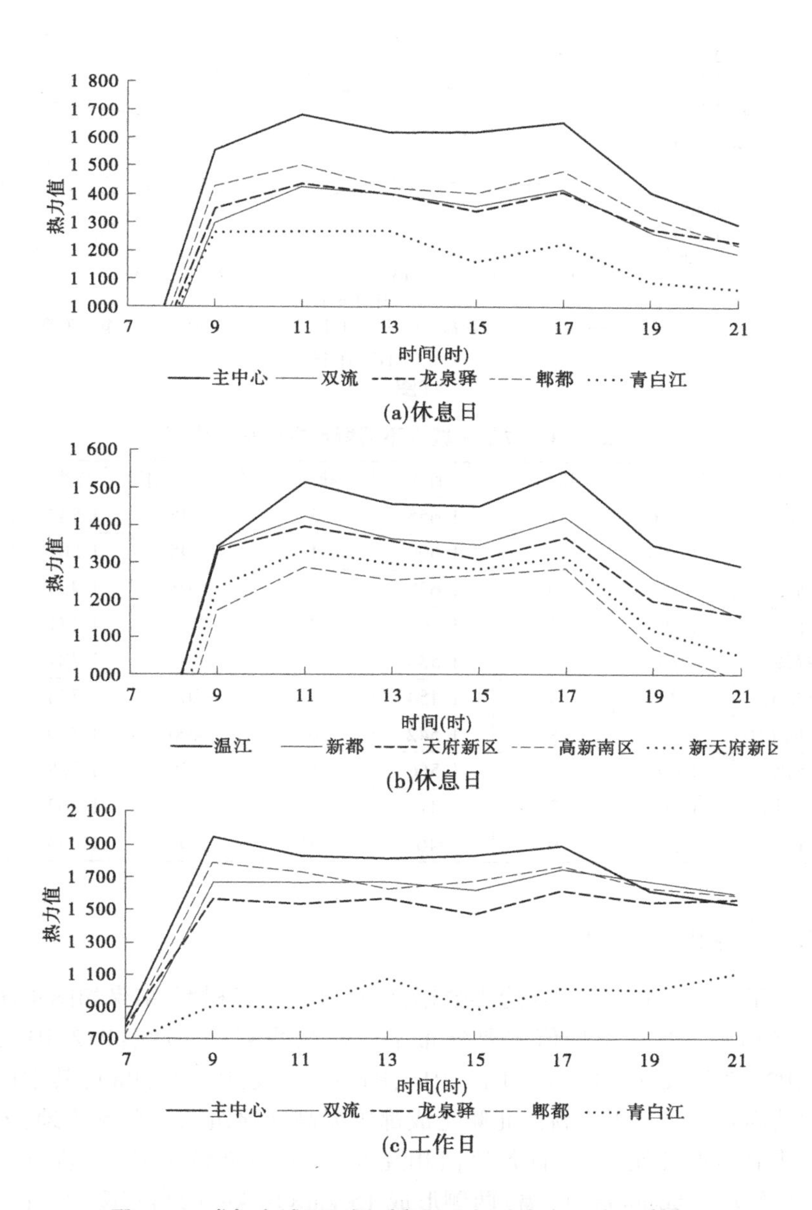

图 4-25　成都主城区不同时段下不同城市中心热值统计

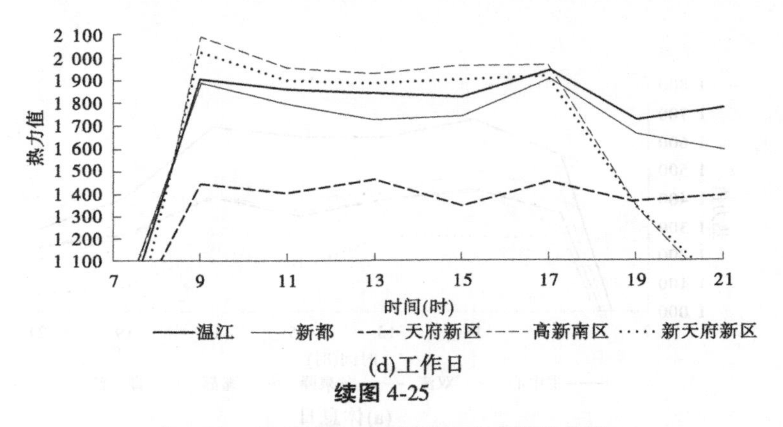

(d)工作日

续图 4-25

表 4-24 成都主城区不同城市中心平均热值

名称	休息日	排序	工作日	排序	休息-工作	整周	排序
主中心	1 430	1	1 655	2	-225	1 543	1
温江	1 304	2	1 699	1	-395	1 501	2
新都	1 230	6	1 638	3	-408	1 434	3
郫都	1 295	3	1 567	4	-272	1 431	4
双流	1 233	5	1 534	7	-301	1 384	5
龙泉驿	1 254	4	1 454	8	-200	1 354	6
新天府新区	1 136	8	1 542	6	-406	1 339	7
高新南区	1 091	10	1 566	5	-475	1 328	8
天府新区	1 206	7	1 319	9	-113	1 262	9
青白江	1 123	9	946	10	177	1 035	10

4.2.4 容积率视角

基于成都市主城区建筑边界数据,计算研究区容积率,结果如图 4-26(a)、表 4-25 所示。容积率峰值主要分布于地铁线两侧(1 号线:P12、P17、P19、P22、P23;2 号线:P1、P2、P3、P13、P14、P15;4 号线:P6、P7、P8),其中南三环外侧的高新南区与天府新区北侧是成都主城高层建筑的主要聚集地,容积率峰值明显高于其他地区,且各峰值相互邻近,并沿地铁 1 号线(高新—金融城—世纪城—成都港—广福)两侧形成 15 km×10 km 的高密度建成区,最高值位于环球金融中心—世纪城地铁站附近;城市中心内侧(三环内)也包含较多容积率高峰,但分布较为分散;其余峰值则分布于三环外围的郫都、温江、双流、龙泉驿、新都等城区。

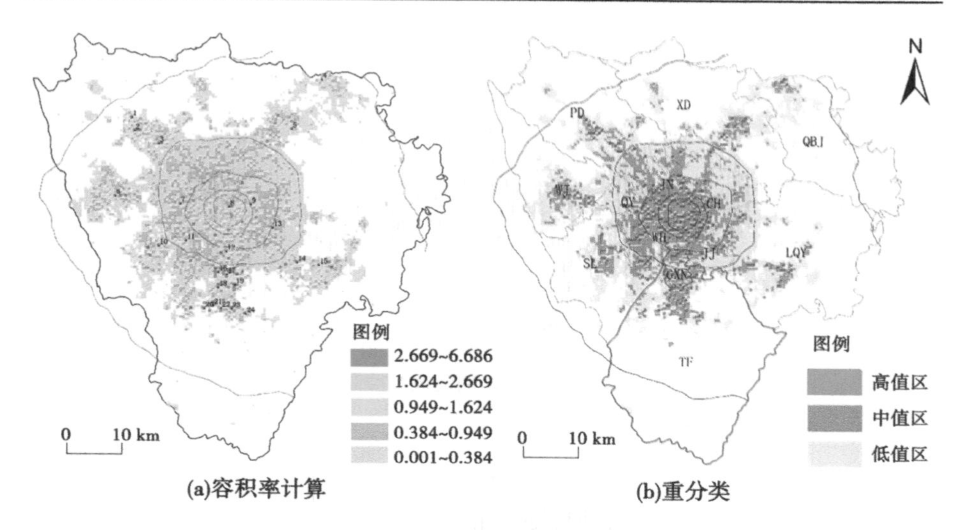

(a)容积率计算　(b)重分类

图 4-26　成都主城区容积率计算结果

表 4-25　成都主城区容积率分区统计

类型	面积/km²	面积比/%	均值
整体	1 310. 75	35. 7	0. 67
高值区	136. 75	3. 7	2. 22
中值区	380. 5	10. 4	1. 09
低值区	793. 5	21. 6	0. 67

根据图 4-27 容积率剖面分析结果，除新天府新区外，容积率峰值整体保持在 2~3. 5；在 A、B、C 三条剖面线上，三环内侧峰值略高于外侧，但峰谷明显大于外侧，各峰值距离较近。在剖面线 D 上，高新南区与天府新区部分出现多个容积率峰值，并高于传统的城市中心，不同峰值间距离较近。各剖面线在三环与四环之间均出现明显降低，并在四环外围再次形成容积率次高峰。

依据自然断点法，将计算结果重分类为高、中、低三类区域，并计算不同区域的容积率均值，结果如图 4-26(b)、表 4-25 所示，三种区域的土地开发强度差异显著，高值区面积最小，分别是其他区域的 35. 9%与 17. 2%，但容积率均值最高，分别是中、低值区的 2 倍与 11 倍，主要位于三环内侧及南侧的高新南区与天府新区直管区，各占高值区整体的 43. 5%与 20. 1%，其余部分在温江、郫都、新都、青白江与龙泉驿有少量分布。中值区分布于高值区外侧，57. 8%的区域集中在四环内。因此，位于四环内的老中心城区作为城市建设的核心区，土地利用效率与建设规模远超外围新城区。

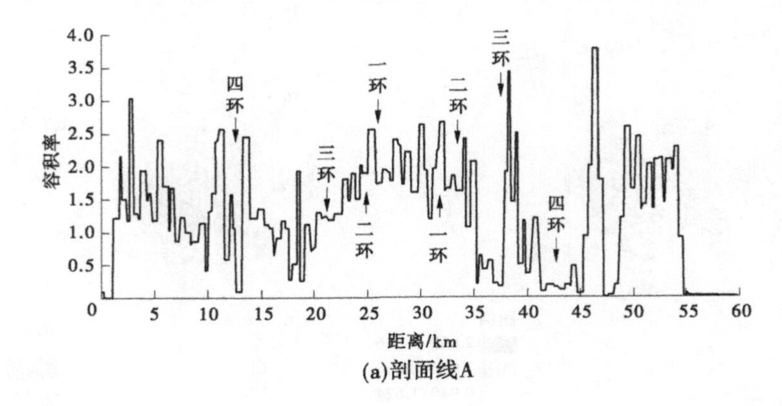

(a)剖面线A

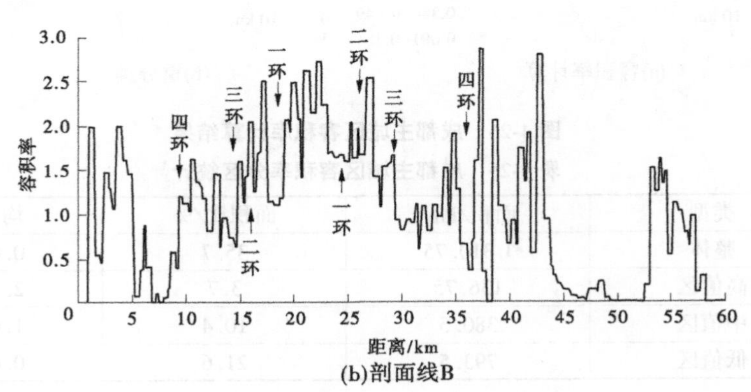

(b)剖面线B

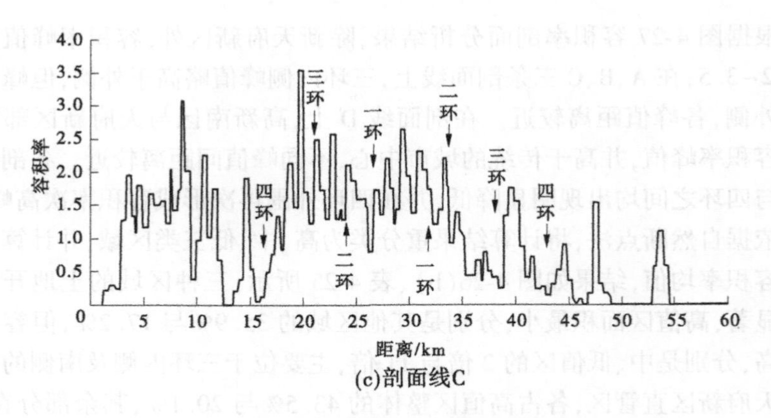

(c)剖面线C

图 4-27　成都主城区容积率剖面分析

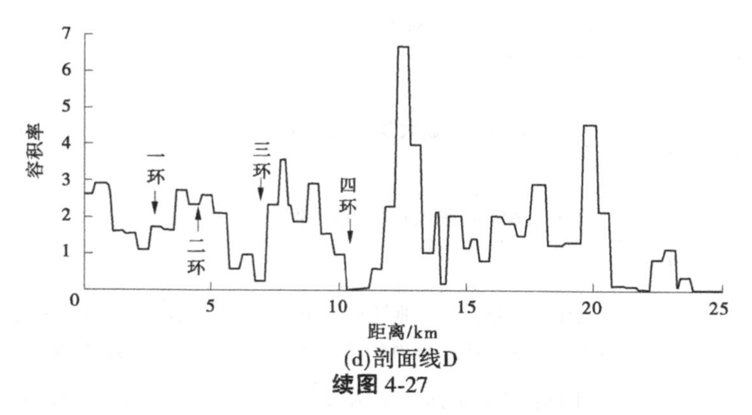

(d)剖面线D

续图 4-27

基于分区统计工具计算各环线间容积率的整体变化规律及外围新城的容积率均值,结果如表 4-26 所示。在老中心城区内部,容积率由一环向外围圈层式递减,一环内容积率最高,为 1.73;三环与四环间最低,为 0.61。三环作为城市主中心,是城市建设高密度区,平均容积率达到 1.25,三环外围除高新南区与天府新区外,容积率均未超过 0.6。

表 4-26 成都市各城区容积率统计

区域	均值	峰值及位置
一环	1.73	P8:4.06(骡马市地铁站—文殊院地铁站)
一~二环	1.58	—
二~三环	1.12	P9:3.20(二环高架路—建设北路三段)
三~四环	0.61	P7:3.52(日月大道二段—光华北一路—光华东三路); P11:3.06(七里路—武侯大道铁佛段); P13:3.41(成渝立交地铁站—万科路)
三环	1.25	—
温江	0.5	P6:3.06(凤溪河地铁站)
郫都	0.54	P1:3.04(梨园路一段—横河街);P2:3.25(杜鹃公园—文信路);P3:3.43(红光大道—尚华路)
双流	0.51	P10:3.29(星空路二段—葛陌路)
新都	0.44	P5:3.23(马超东路-育英路)

续表 4-26

区域	均值	峰值及位置
龙泉驿	0.44	P14:3.78(龙城大道—青台山路);P15:3.04(书房地铁站—龙工北路)
青白江	0.28	P4:2.65(同华大道—红阳路)
新天府新区	0.92	—
高新南区	1.4	P12:3.55(高新地铁站);P16:4.5(剑南大道中段—盛邦街);P17:6.686(环球金融中心—世纪城—天府三街地铁站)
天府新区	0.77	P18:3.88(剑南大道南段—华府大道一段);P19:4.54(梓州大道—应龙路);P20:3.68(华府大道三段—万顺路二段);P21:5.41(剑南大道南段—南湖西路);P22:4.22(绿野路二段—南湖大道);P23:4.56(海昌路地铁站);P24:3.75(万安路西段—麓山大道二段)

因此,三环内老城区作为成都主城的城市中心,容积率虽略低于高新南区,但高值区规模最大,且明显高于外侧其他城区,新天府新区、温江、郫都、新都等外围副中心的城市规模与建设密度及主城内三环、四环之间的土地利用集约度有待进一步提高。

4.2.5　综合指标测度

根据图 4-28(a)、表 4-27 的成都主城综合计算结果,三环内高值区规模最大,包含 9 处密度峰值,是各类要素的主要集聚区,最高值位于天府广场—蜀都大道—春熙路一带,其余峰值则分布在三环外侧的郫都、温江、双流、天府新区等副中心。根据图 4-29 整体剖面分析结果,不同方向上,密度高峰均位于三环内侧,峰值沿剖面两边逐步降低,并在四环外侧形成密度次高峰。由图 4-28(b),三环内高值区面积最大,为 103.92 km^2,青白江最小,为 2.25 km^2,其余副中心内部高值区面积在 6~11 km^2,其中龙泉驿与温江、天府、双流与新都内部高值区规模相近。因此,根据综合分析结果,成都主城区呈明显的“1 主 7 副”多中心结构,三环内作为城市主中心要素高度集聚且影响范围最广,三环外侧各副中心的要素集聚能力与规模则有待进一步提高。

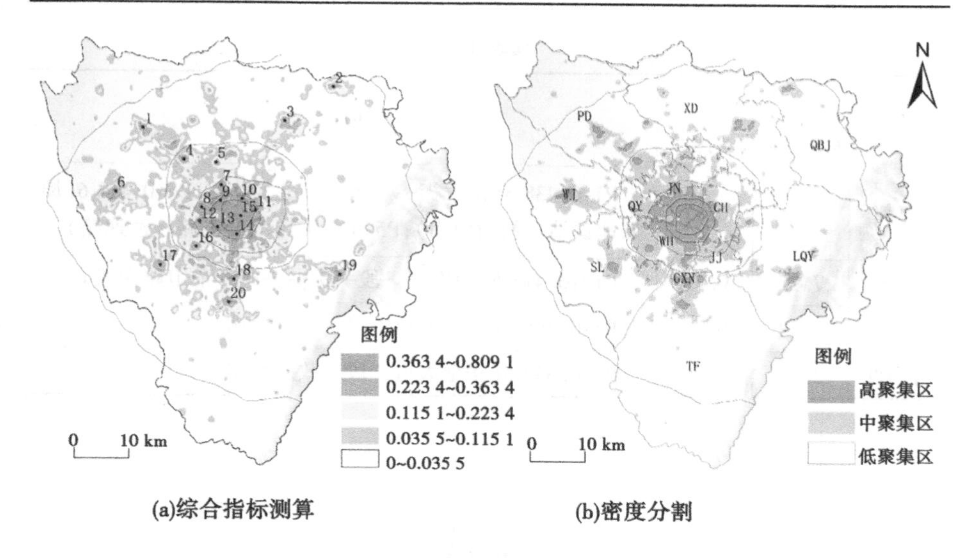

(a)综合指标测算　　(b)密度分割

图 4-28　成都多中心综合指标计算结果与影响范围

表 4-27　成都不同中心特征统计

名称	高值区		峰值统计
	面积/km^2	均值	
主中心	103. 92	0. 38	P7:0. 427 4(中环路金府路段—交大路);P8:0. 440 1(清江西路地铁站—苏坡东路—文化宫);P9:0. 541 7(抚琴西路—二环路西三段—营门口路);P10:0. 514 4(二环路北三段—成都火车站—人民北路二段);P11:0. 495 5(一环路东一段、东二段—建设北路二段);P12:0. 438 8(晋阳路—晋吉北路);P13:0. 504 9(二环路南四段—广福路—红牌楼地铁站);P14:0. 556 0(省体育馆—倪家桥—桐梓林地铁站);P15:0. 809 1(天府广场—蜀都大道—春熙路)
高新南区	10. 21	0. 33	P18:0. 616 1(世纪城地铁站—天府二街—天府三街地铁站)
温江	6. 63	0. 32	P6:0. 406 0(凤溪大道—来凤路)
龙泉驿	6. 53	0. 32	P19:0. 468 0(驿都东路—龙泉驿地铁站)
天府新区	6. 47	0. 31	P20:0. 452 3(华阳大道—双华桥—华新下街)

续表 4-27

名称	高值区		峰值统计
	面积/km²	均值	
郫都	10.72	0.31	P1:0.438 5(南大街—东大街—北大街); P4:0.413 6(犀浦地铁站—衡山南街);P5:0.304 1(海霸王路—清逸路)
双流	7.25	0.30	P17:0.413 5(西安路一段—棠湖公园—前卫路中段)
新都	7.22	0.29	P3:0.466 4(宝光大道中段—桂湖公园)
青白江	2.25	0.29	P2:0.332 5(华金大道二段—政府北路)

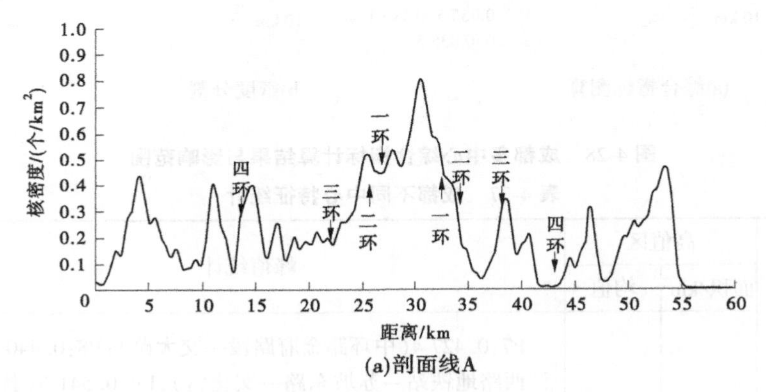

(a)剖面线A

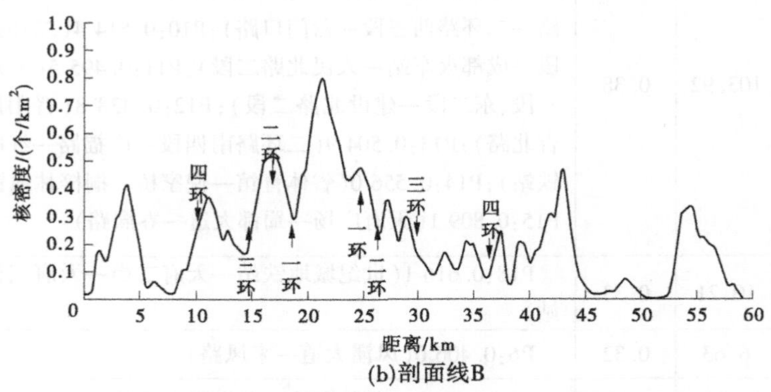

(b)剖面线B

图 4-29　成都多中心综合指标剖面分析

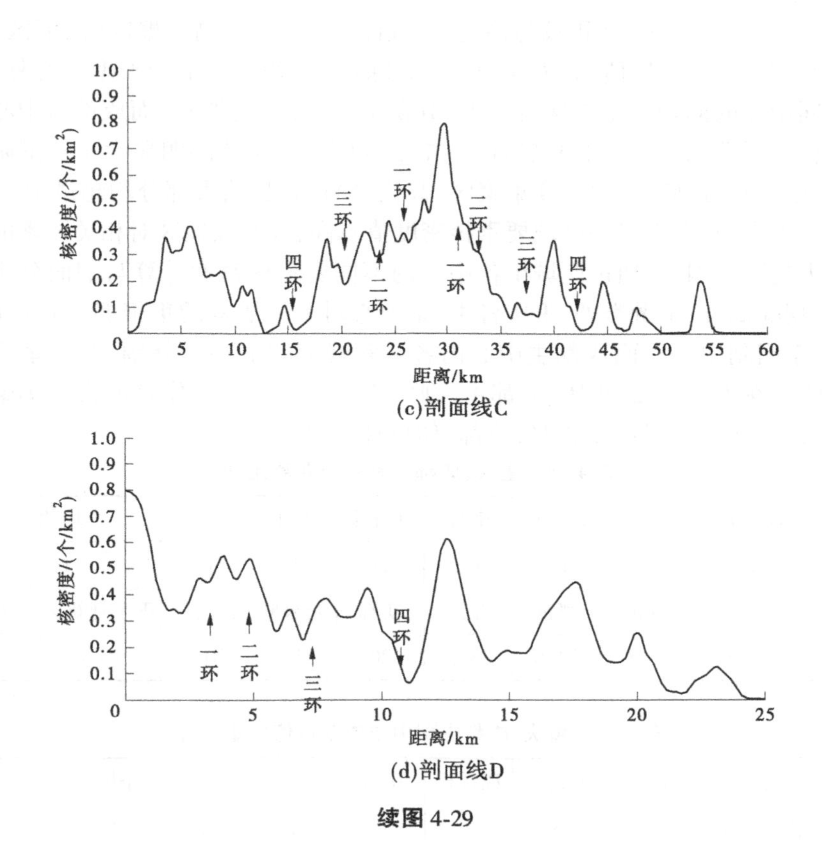

(c)剖面线C

(d)剖面线D

续图 4-29

4.3　山地城市与平原城市多中心结构的比较

根据前文计算结果,并统计重庆、成都两市主中心与不同副中心之间的距离、各中心内部峰值数量与高集聚区/高值区的面积,相关结果分别如表 4-28～表 4-30 所示,发现两市多中心结构在布局、规模、要素集聚能力三个方面存在显著差异:在布局方面,重庆多中心结构较成都更加紧凑,主、副中心之间距离较近,平均距离为 11 km,各中心内部不同要素的峰值数量较少,并具有很高的空间重合度,例如,重庆主城内各类型 POI 的核密度峰值以及人口热力峰值在休息日与工作日的空间分布基本相同。而成都主城内主、副中心距离较远,平均值为 21.99 km,且主中心及部分副中心内部峰值较多;在规模方面,重庆主、副中心规模较为均衡、影响范围相近,不同要素下,各中心内部高集聚区(高值区)面积较为接近,通过计算各中心内高集聚区(高值区)最大值与其余中心的比值,如表 4-31 所示,除西永、茶园两个新兴副中心外,其余不同中心的面积比主要保持在 1~3(除商务/金融类外)。而成都多中心结构则存在明显的“主强副弱”特征,主中心规模与影响范围明显大于外围副中心,主中心与各副中心内部高集聚区(高值区)面积比值大部分均超过 10。在要素集聚方面,由于某一区域要素核密度值越高,表明该地区对相关要素的集聚能力越强。因此,通过两城市各中心内不同要素核密度计算与剖面分析结果,发现除商务、金融类外,重庆各主/副中心对不同要素的集聚能力相近(除西永、茶园副中心),而成都主中心内各要素峰值明显高于外围,要素集聚能力最强。在人口方面,重庆、成都主、副中心在休息日与工作日的人口集聚能力相反(重庆:休息日>工作日,成都:休息日<工作日)。

表 4-28　重庆、成都主副中心距离统计

重庆	副中心	大杨石	观音桥	南坪	沙坪坝	西永	茶园	均值	
	距离/km	8.1	6.4	3.5	11	27	10	11	
成都	副中心	双流	郫都	温江	新都	龙泉驿	青白江	新天府新区	均值
	距离/km	17.6	24.6	23.5	20	21.4	30.1	16.7	21.99

表 4-29　重庆、成都主副中心内部峰值数量统计

	类型	渝中	大杨石	观音桥	南坪	沙坪坝	西永	茶园	—
重庆	整体 POI	2	3	1	1	1	0	0	—
	生活 POI	1	3	2	1	1	0	0	—
	商务 POI	2	3	1	1	1	0	0	—
	金融 POI	2	3	1	1	1	0	0	—
	公共 POI	2	3	1	1	1	0	0	—
	休闲 POI	1	3	1	1	1	0	0	—
	居住 POI	1	3	2	1	1	0	0	—
	混合度	2	3	2	1	1	1	1	—
	人口热力(工作/休息日)	2/2	3/3	1/1	2/2	1/1	1/1	1/1	—
	容积率	2	3	4	1	2	2	1	—

续表4-29

	类型	中心	双流	郫都	温江	新都	龙泉驿	青白江	新天府新区
成都	整体POI	9	1	3	1	1	1	1	1
	生活POI	12	1	3	1	1	1	1	2
	商务POI	5	0	0	0	0	0	0	2
	金融POI	3	1	1	1	1	1	1	2
	公共POI	2	1	1	1	1	1	1	1
	休闲POI	6	1	1	1	1	1	0	1
	居住POI	5	1	1	1	1	1	1	1
	混合度	4	3	3	1	3	1	1	4
	人口热力(工作/休息日)	15/15	5/5	5/5	1/1	1/1	3/3	1/1	2/5
	容积率	2	2	3	1	1	2	1	10

表4-30　重庆、成都主副中心内部高值区面积统计　单位:km^2

	类型	渝中	大杨石	观音桥	南坪	沙坪坝	西永	茶园
重庆	整体POI	6.42	12.09	12.55	5.58	4.95	0	0
	生活POI	5.32	11.9	14.03	5.74	5.86	0	0
	商务POI	4.72	5.3	6.39	2.81	0	0	0
	金融POI	4.12	0.49	7.04	2.67	0.57	0	0
	公共POI	7.88	12.5	15.78	6.68	6.29	0.2	0
	休闲POI	6.79	14.15	12.78	6.64	4.74	0	0
	居住POI	7.48	16.68	23.82	8.22	6.04	0	0
	混合度	4.5	7.25	9.75	4.75	3.25	1.25	0
	人口热力	6.38	15.6	20.24	10.07	9.98	8.47	0.51
	容积率	5.75	17	26.25	14.5	10	3.75	1.25

续表 4-30

	类型	中心	双流	郫都	温江	新都	龙泉驿	青白江	新天府新区
成都	整体 POI	97.47	3.47	6.65	4.85	3.82	3.41	1.65	7.3
	生活 POI	104.82	5.64	12.16	6.89	10.33	5.38	3.21	6.69
	商务 POI	42.55	0	0	0	0	0	0	8.37
	金融 POI	17.62	0	0	0	0	0	0	4.26
	公共 POI	79.92	2.21	2.15	2.46	1.68	1.6	0	1.31
	休闲 POI	87.06	4.47	4.62	8.56	4.13	4.85	0.57	3.8
	居住 POI	57.17	2.18	0.88	1.57	1.94	0	0	0.58
	混合度	74.25	5.75	7.25	5	4.25	3.5	1.75	9.5
	人口热力	102.93	8.22	21.49	9.27	6.49	13.19	0.38	16.04
	容积率	59.5	9.25	8.25	8	6.75	7.25	1.75	29.5

表 4-31 重庆、成都主副中心内部高值区面积比[1]

	类型	渝中	大杨石	观音桥	南坪	沙坪坝	西永	茶园
重庆	整体 POI	2	1.03	1	2.2	2.5	0	0
	生活 POI	2.6	1.2	1	2.4	2.4	0	0
	商务 POI	1.4	1.2	1	2.3	0	0	0
	金融 POI	1.7	14.4	1	2.6	12.4	0	0
	公共 POI	2	1.3	1	2.4	2.5	78.9	0
	休闲 POI	2.1	1	1.1	2.1	3	0	0
	居住 POI	3.2	1.4	1	2.9	3.9	0	0
	混合度	2.2	1.3	1	2.1	3	7.8	0
	人口热力	3.2	1.3	1	2	2	2.4	39.7
	容积率	4.6	1.5	1	1.8	2.6	7	21

[1] 表中“1”代表该处高集聚区或高值区面积在各中心中最大，“0”代表该中心未包含高集聚区或高值区。

续表 4-31

	类型	中心	双流	郫都	温江	新都	龙泉驿	青白江	新天府新区
成都	整体 POI	1	28.1	14.7	20.1	25.5	28.6	59.1	13.4
	生活 POI	1	18.6	8.6	15.2	10.1	19.5	32.7	15.7
	商务 POI	1	0	0	0	0	0	0	5.1
	金融 POI	1	0	0	0	0	0	0	4.1
	公共 POI	1	36.2	37.2	32.5	47.6	50	0	61
	休闲 POI	1	19.5	18.8	10.2	21.1	18	152.7	22.9
	居住 POI	1	26.2	65	36.4	29.5	0	0	98.6
	混合度	1	12.9	10.2	14.9	17.5	21.2	42.4	7.8
	人口热力	1	12.5	4.8	11.1	15.9	7.8	270.9	6.4
	容积率	1	6.4	7.2	7.4	8.8	8.2	34	2

但两城市多中心结构也有共同点：两城市内部商务、金融要素大多集聚在城市核心区，基于最邻近指数与单位 POI 密度得出的结果也证明，两种要素在 6 类要素中集聚程度最高。

第 5 章　山地城市与平原城市多中心成因分析

多中心格局的形成是基于城市规模不断扩大的客观需要，受经济、人口、技术、政策等多种因素的共同作用。根据现有城市空间结构理论与经济发展规律，本研究认为重庆、成都两城市多中心结构的形成主要驱动因素包括经济发展、城市规划与自然环境。

5.1　经济发展与产业演进

经济发展与产业结构演进构成两城市多中心演化的主要驱动力。重庆自1891 年开埠以来，由于毗邻长江作为天然的航道，带动了航运业的迅速发展，对外贸易额逐步提高，城市的商贸功能得以强化。随着进出口贸易的不断发展，国外资本与技术在重庆投资设厂，包括纺织、采矿、电力、钢铁、水泥等轻、重工业企业，使重庆近代工业体系初具规模，逐步由传统商业经济向现代产业经济转换。人口、企业等城市构成要素不断向渝中半岛集聚。抗日战争期间，重庆作为战时陪都，汇集来自全国的大量政府、军工、教育、金融等机构，导致经济规模与人口数量激增，经济结构由原来的商业为主转变为"工业主导、轻重兼顾"。据图 5-1，自 1936 年至抗日战争结束，重庆轻、重工业占比出现倒挂现象，分别由 80%与 20%变化为 19%与 81%。而为躲避日军轰炸，城市发展不得不采取相对分散和便于隐蔽的策略，这一时期在沿江区域形成了不同功能的副中心和外围组团，例如，沙坪坝以教育功能为主，石桥铺以商业为主，滨江地带（现在的观音桥、南坪、大渡口）以工业为主，北碚则以行政为主，这些副中心/外围组团直接导致了城市结构的相对分散。

"三线建设"时期，大量来自沿海地区的军事、钢铁、化工等企业入驻重庆（如迁往北碚的四川仪表厂），不仅将重庆变为重工业城市，也完善了当地交通、生活配套及商业设施，在重庆城市现代化建设中具有承上启下的巨大作用。特别是城市交通设施的完善，不仅使重庆拥有了完善的对外交通网络，也打破了多年来城市内部的交通桎梏，增强卫星城间的相互联系，带动沿江及公路、铁路沿线小城镇的发展，使民国时期"大分散、小集中、梅花点状"的城市发展布局得以实现。城市多中心发展趋势进一步增强。

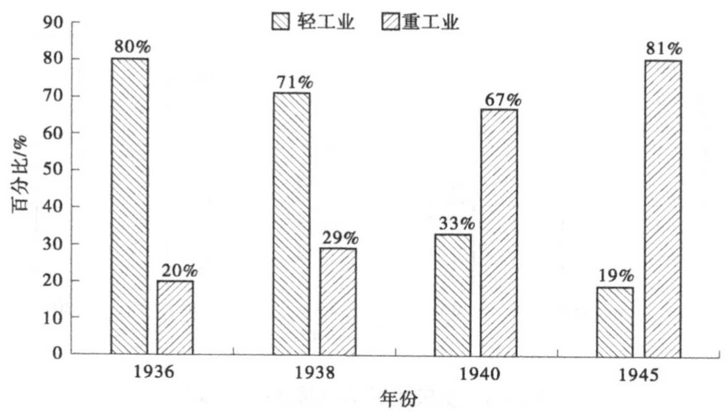

图 5-1　重庆 1936—1945 年轻重工业占比统计

数据来源:王玉祺(2014)。

重庆直辖后,经济飞速发展,城市人口逐渐增多,城市建设规模逐步扩大。据图 5-2 与图 5-3,1999—2017 重庆主城区 GDP 由 580.5 亿元增长至 7 568.98 亿元,年均增幅达到 16.2%,第三产业比重由 40.87% 增长到 57.27%(见表 5-1),常住人口达到 865.06 万人,城市建设区面积则由 2001 年的 272.55

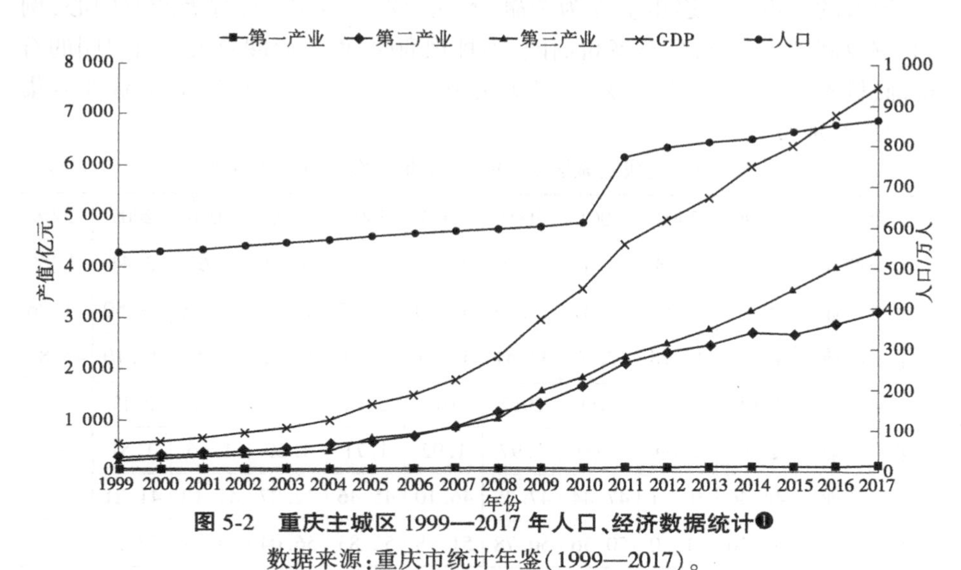

图 5-2　重庆主城区 1999—2017 年人口、经济数据统计[1]

数据来源:重庆市统计年鉴(1999—2017)。

[1] 2011 年之后人口数据为重庆主城区常住人口统计。

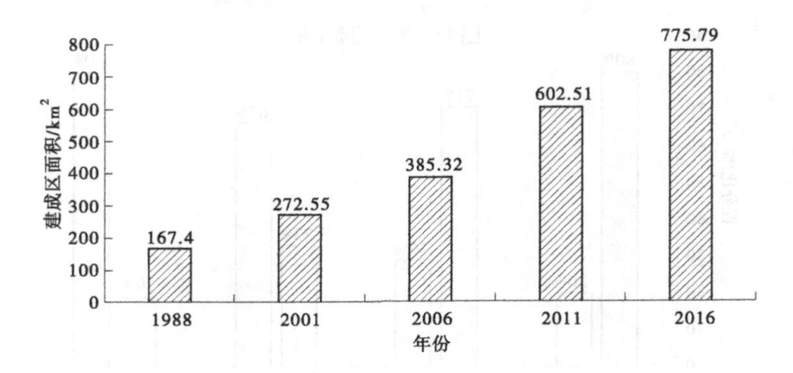

图 5-3 重庆主城区建成区面积统计

数据来源：陈吉煜(2018)。

km² 增长至 2016 年的 775.79 km²。随着内环内部人口、公司等经济要素的不断集聚，房价高企、交通拥堵的负面效应逐步显现，促使人口向内环外侧的人和、北碚、空港、李家沱组团与西永、茶园副中心转移。同时，“分税制”与住房制度改革，市场经济的完善共同促进了重庆核心区的退二进三和服务业的兴盛，原有的城市中心逐步演变为金融、购物、娱乐、文化、旅游等产业中心，例如，解放碑中央商务区、观音桥商圈、沙坪坝商圈、南坪商圈及大杨石组团的石桥铺、杨家坪、大坪商业中心等。老城市中心再次成为城市人口、商业要素集聚的核心地带。

表 5-1 重庆主城区 1999—2017 年三次产业比值统计 %

年份	1999	2000	2001	2002	2003	2004	2005	2006	2007	2008
第一产业	8.28	7.48	6.56	5.95	5.49	5.33	4.20	3.65	3.41	2.92
第二产业	50.85	51.54	50.37	51.63	52.60	53.47	45.68	46.78	48.50	51.26
第三产业	40.87	40.98	43.07	42.41	41.91	41.20	50.12	49.57	48.10	45.82
年份	2009	2010	2011	2012	2013	2014	2015	2016	2017	—
第一产业	2.28	2.09	2.00	1.97	1.92	1.71	1.69	1.66	1.51	—
第二产业	44.46	46.61	47.44	47.25	46.10	45.46	42.27	41.18	41.21	—
第三产业	53.26	51.30	50.56	50.78	51.98	52.83	56.04	57.17	57.27	—

数据来源：重庆市统计年鉴(1999—2017)。

与重庆主城多年来形成的“分散再集中”的经济发展格局不同，成都在 1996 年之前的经济活动主要集中于三环内侧。成都古城修筑于周朝末年，经秦、唐、明、清等朝代多次修建，城市发展均位于改道之后的郫江与检江之间。抗日战争期间，沿海、沿江等地区人口、企业、行政机构的内迁，使成都与重庆类似，成为抗日战争后方的重要基地，为安置内迁居民、满足作战需要，新建大批工厂、机场、学校等，极大地刺激了成都经济发展与建设用地扩张，城市规模逐渐向古城外溢出。新中国成立后，成都作为重点建设城市，在城市东郊新建大批工业企业，1964 年后，又成为西南地区三线建设的指挥中心，接纳大量冶金、化工、航空、电子、机械等工业，如四川齿轮厂、四川化工厂、西南电子设备研究所、611 研究所（成都飞机设计研究所）等，上述企业的建立使成都拥有在当时全国范围内较为先进的现代工业体系，由传统商贸城市逐步过渡到现代工商业城市。大批建设项目的立项与竣工极大地提高了成都市的生产能力，从而刺激城市经济快速发展，城市建成区跨过一环，向二环东部靠近。1978 年改革开放后，成都经济进入快速发展期，也使城市建设速度相比过去迅猛提升，据图 5-4～图 5-6，1978—1999 年，老城五区 GDP 增幅达 16.9 倍，第三产业产值由最初的 4.43 亿元增长为 203.9 亿元，年均增幅 20%，户籍人口增至 242.71 万人，建成区面积由 1980 年的 60 km^2 扩大到 1994 年的 106 km^2，其中 1992—1994 年增长最快，年均增长 11 km^2。截至 1996 年，城市建成区已突破三环，中心城区常住人口超过 200 万人，城市发展的内部不经济与建设用地紧缺迫使企业与人口逐步向三环外围的新都、龙泉驿、双流等区域转移，成都主城区城市结构开始表现出多中心发展趋势。随着市场经济制度的不断改革与完善，老城区的工业、制造业等第二产业逐步向外围新城转移，中心城区内部第三产业迅速发展，产业增加值不断提高，外围新城由于接受大量转移产业，第二产业产值与占比逐年上升，统计结果如图 5-6 所示。例如：2008 年，在成都政府的支持下，通过土地财政将位于中心城区东郊工业区的电子、机械、冶金、军工等 160 多户规模企业整体向三环外侧的成华工业集中发展区、锦江工业集中发展区，及四环外的龙泉（成都经济技术开发区）、青白江工业集中发展区、新都工业集中发展区等区域转移。2012 年，成都政府共投资 3 300 亿元实施“北改”战略，通过市场手段将金牛、成华与新都的部分区域（共 212 km^2）升级为以金融、商务会展、都市旅游为主导的产业布局。根据图 5-6，1978—

2017 年，中心城区第三产业由 4.43 亿元增加到 4 020.25 亿元，年均增长率为 19%，外围新城第二产业由 1.86 亿元增长为 2 639.91 亿元，年均增长 20.45%，截至 2017 年底，中心城区与外围新城的二、三产业占比分别是 24%与 75%、76%与 25%。随着经济要素在三环两侧的不断集聚，成都主城初步形成以三环内老城区为城市主中心（金融、商贸、旅游等第三产业为主导），外侧郫都（高新技术、科研教育）、温江（健康服务、科技研发等）、双流（航空、物流、电子、新能源为主导）、龙泉驿（汽车、航空航天等高端制造业）、青白江、新都（冶金、化工、机电设备）、天府新区（商务、办公、行政）等为副中心（工业、制造业等第二产业占优势）的多中心结构。

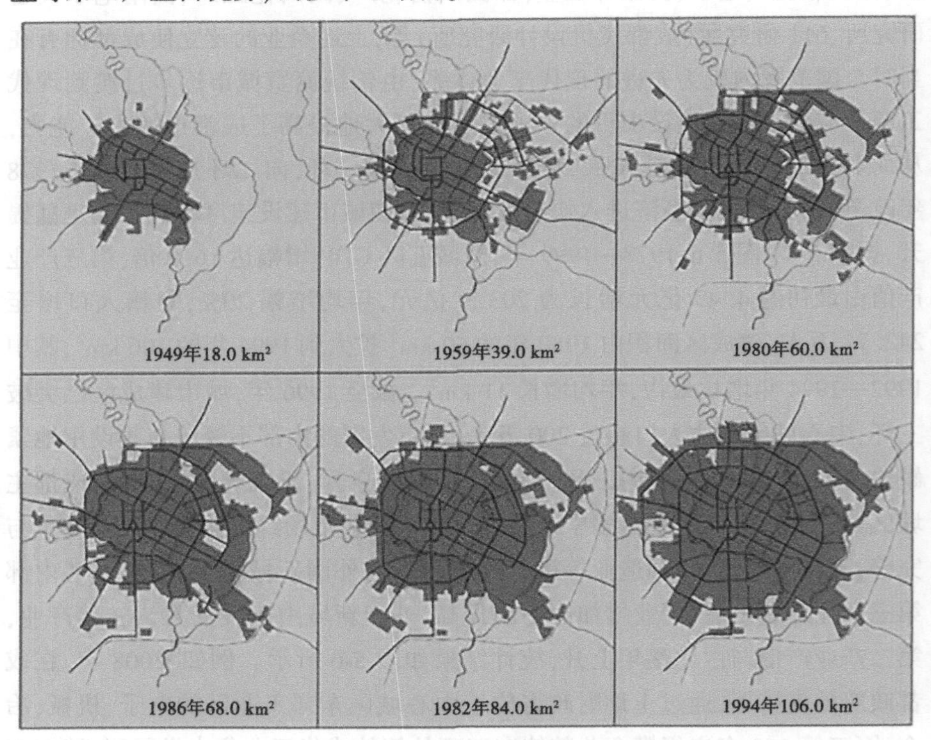

图 5-4 1949—1994 年成都主城建成区变化

资料来源：成都市城市总体规划（2011—2020）说明书。

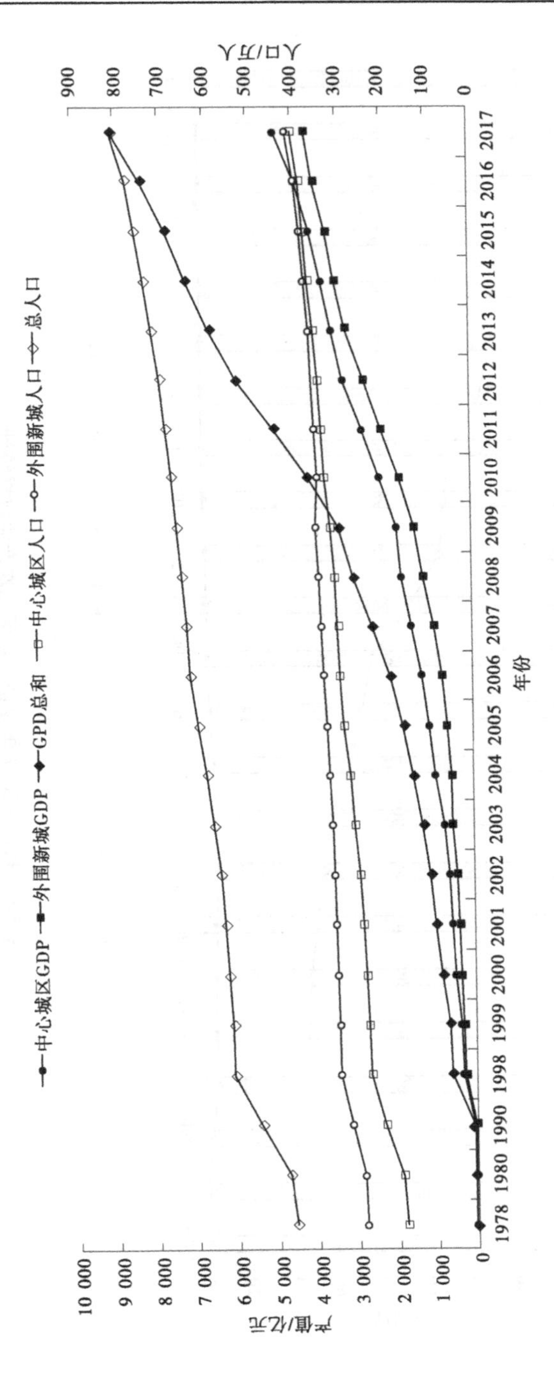

图 5-5　1978—2017 年成都主城区人口、经济数据统计

数据来源:成都市统计年鉴(1978—2017)。

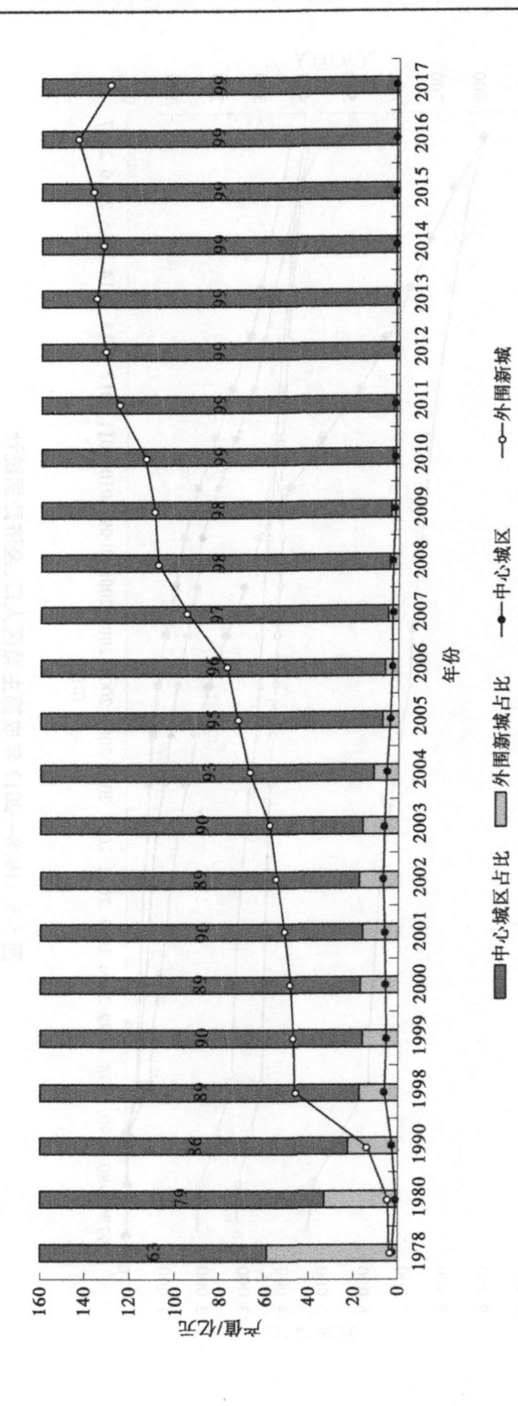

(a)第一产业

图 5-6　1978—2017 年成都主城区三次产业数据统计

数据来源:成都市统计年鉴(1978—2017)。

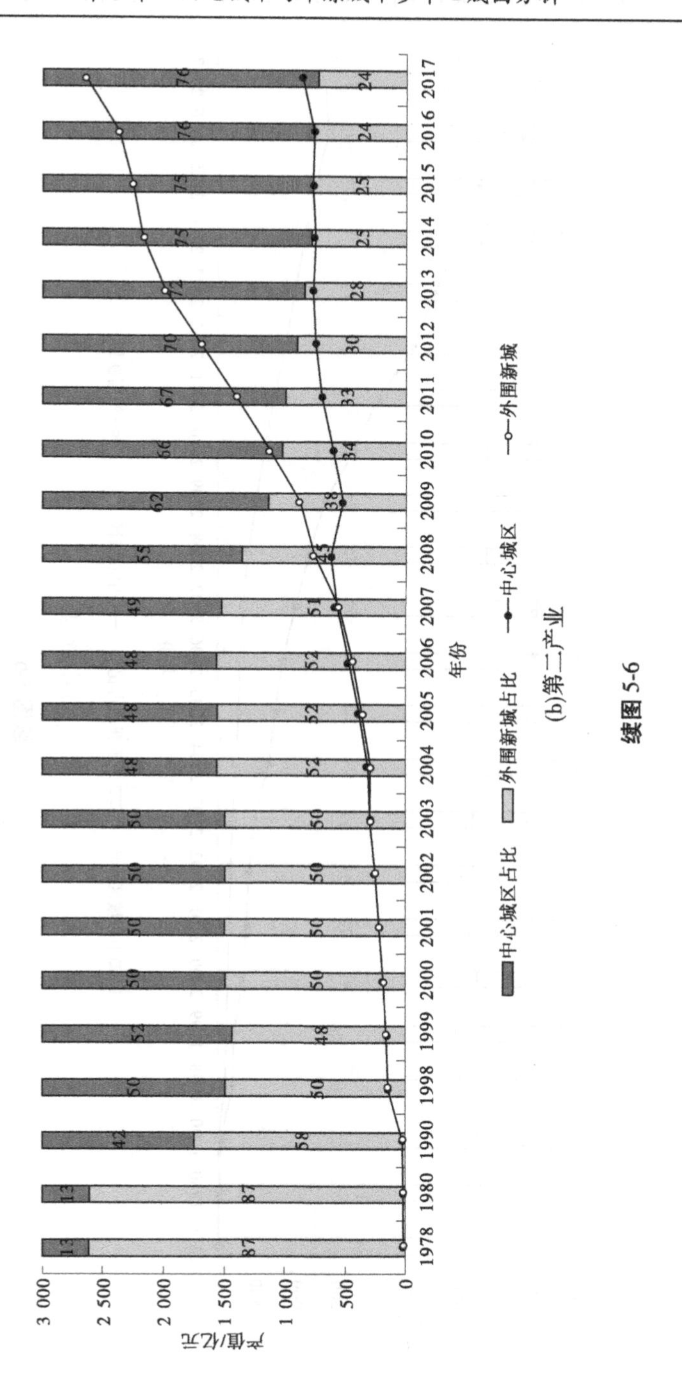
产值/亿元
3 000
2 500
2 000
1 500
1 000
500
0
年份
1978
1980
1990
1998
1999
2000
2001
2002
2003
2004
2005
2006
2007
2008
2009
2010
2011
2012
2013
2014
2015
2016
2017
中心城区占比
外围新城占比
中心城区
外围新城

(b)第二产业

续图 5-6

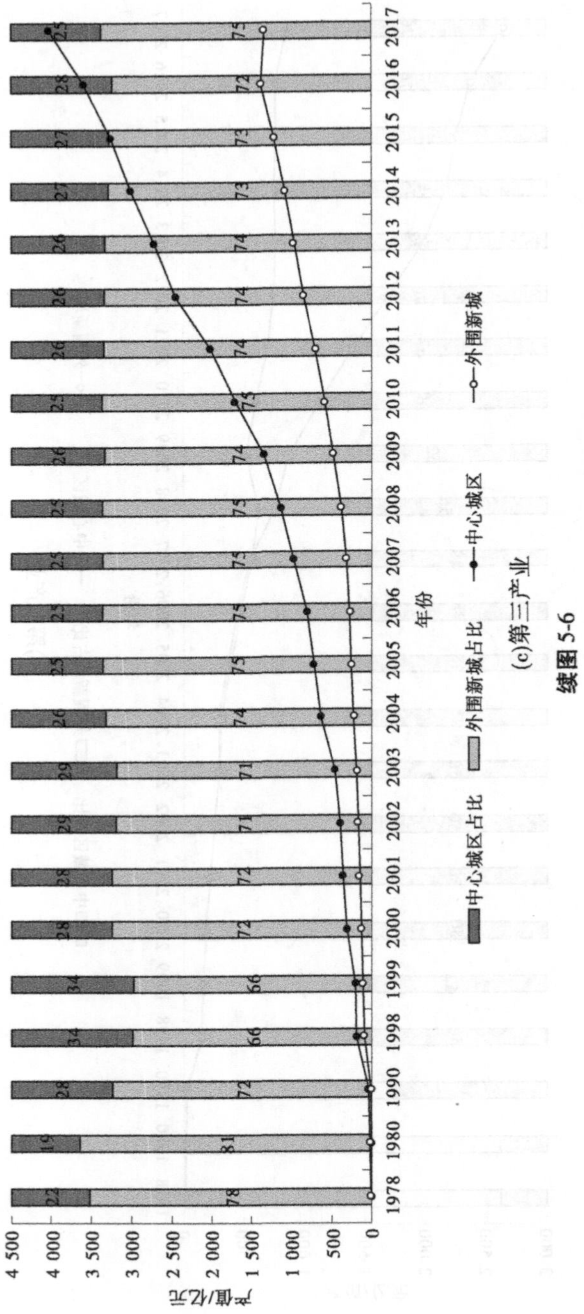

产值/亿元
4 500
4 000
3 500
3 000
2 500
2 000
1 500
1 000
500
0
1978 1980 1990 1998 1999 2000 2001 2002 2003 2004 2005 2006 2007 2008 2009 2010 2011 2012 2013 2014 2015 2016 2017
22 19 28 34 34 28 28 29 29 26 25 25 25 25 26 25 26 26 26 27 27 28 25
78 81 72 66 66 72 72 71 71 74 75 75 75 75 74 75 74 74 74 73 73 72 75
年份
中心城区占比
外围新城占比
中心城区
外围新城

(c)第三产业

续图 5-6

5.2　城市规划的引领

多中心规划策略在很大程度上促进了重庆、成都两城市多中心格局的形成。1946年出台的《陪都十年建设计划草案》作为重庆第一部具有现代特征的城市规划方案，第一次明确提出疏解市区人口、建设卫星城的发展策略，并计划以渝中半岛为中心，在外侧修建大坪、弹子石、磁器口、沙坪坝等12个卫星市，石桥铺、杨家坪等18个卫星镇，歇台子、九龙坡、玉溪桥等12个预备卫星镇。1960年，新中国成立后重庆第1版城市总体规划，确定9个片区（市中心、沙坪坝、观音桥、江北城、弹子石、大杨石、铜元局、九龙坡、李家沱—道角片区）与4个卫星城（北碚、歇马、西彭与南桐），提出了“有机松散，分片集中”的发展思路，并一直沿袭至今。1980年，修订后的城市总体规划，明确了观音桥、南坪、沙坪坝、石桥铺（杨家坪）的副中心地位，进一步将主城区划分为双碑、南坪等14个城市片区，每个片区不仅保证提供充足的就业岗位与生活、居住设施，也注重培育自身的优势功能，例如，南坪作为商贸中心，沙坪坝偏重科教文化功能，石桥铺为科技中心，观音桥作为企事业单位的迁建新区。注重利用自然水系、山体、农田与人工绿化设置隔离带，促进组团紧凑，防止连片发展。1996年，为适应城市发展，城市规划分别在母城内、外分别划定了12与11个组团，对原有的“多中心、组团式”城市体系加以强化。2007年修订的城市总体规划中，在中梁山以西和铜锣山以东，又新增了西永与茶园两个外围副中心，引导城市突破山水格局的限制向外扩散。2014年又重新修订了2007版总规，将新成立的国家级新区——“两江新区”纳入规划范围，并在其中规划了不同功能的城市组团，再次强化了城市多中心格局。因此，重庆“多中心、组团式”结构在数轮规划下不断完善，并逐步形成了目前的多中心城市体系。

相比之下，成都也依赖城市规划实现多中心转型，城市规划经历了单中心扩张与多中心发展两个阶段。1956年，经国务院批准，城市规划中将成都定位为“省会，精密仪器、机械制造及轻工业城市”，城市建设沿用苏联模式，强调功能分区，基于旧城布局，设置环状放射性交通网络，由中心向外紧凑发展。通过第一个五年计划完成城市内工业、生活服务等设施建设，形成了东城生产、西城居住的空间格局。在随后的1959版、1963版、1973版及1984版规划中，主城区城市发展主要集中在二环内部，未突破三环，城市建设以旧城改造、完善功能为主，单中心城市结构得到强化。截至1996年，城市发展已经突破原有规划范围，三环内部人口增多、建设用地与基础设施严重短缺，虽然成都高新区的成立对中心城区的产业转移起到一定作用，但现有规划已不能满足成都主城未来发展与经济建设需要。因此，在1996版城市规划中，成都市提出优化城市结构与产业布局的空间发展战略，形成以中心城区为核心、外围卫星城为基础的多中心城市结构，中心城区内部以旧城改造为主，兴建交通、市政等设施，逐步疏解旧城功能、改善城市面貌（例如，春熙路、东大街改造、府南河综合整治工程项目等），为日后构建城市核心区打下基础；外围华阳、龙泉、新都、青白江等7个卫星城通过接纳东郊工业区的产业，分担部分城市职能；绕城高速（四环）与放射状路网的建设，进一步加强了城市中心与外围卫星城的联系。2011年城市规划在整合华阳、东升、龙泉新城部分区域的基础上成立天府新区，用于疏解中心的人口、聚集高新产业。而在最新的2016版城市规划中，成都将原高新南区与天府新区合并为新天府新区，进一步完善了多中心城市结构。

5.3 自然本底决定

自然因素是造成两城市多中心形态差异的主要原因。重庆主城位于川东平行岭谷区，4条南北走向的狭长山脉及3处宽阔谷底与长江、嘉陵江一同构成城市发展的自然本底。重庆早期城市发展主要集中于狭窄的渝中半岛，并沿水系、交通线与河谷低平地带向外带状延伸。随着现有城区承载力趋于饱和，城市发展开始突破山水限制，往外呈跳跃式发展，人口、产业等不断向外扩散，并在主中心以外的观音桥、沙坪坝、南坪等副中心再度集聚。山水阻隔和空间有限迫使城市立体生长和用地高度集约，以“总体分散、局部集中”的方式，形成规模经济和集聚效应，并减少对脆弱山地生态环境的破坏。因此，重庆的“多中心、组团式”结构是在山水阻隔、空间稀缺、生态脆弱等客观环境下的被动选择，也是规划引导下的主动适应。

而成都主城地处成都平原的腹地，地势平坦开阔。成都古城最早修建于郫江（内江）、检江（外江）东北部。唐代时为扩建新城、巩固防御，使内江改道并由新城北侧与外江交汇，奠定了两江环抱的自然格局，同心圆式的筑城模式也被历代沿用。由于缺少类似重庆的自然约束，成都主城的建设用地在1996年之前主要以“轴向扩展”与“内部填充”交替进行的方式向外圈层式扩张，从而造成现有多中心体系主、副中心规模悬殊。目前的多中心格局也是受“城市病”困扰，通过城市规划实现转型，与重庆长达半个世纪的规划努力形成鲜明对比。

第6章　山地城市与平原城市多中心发展与政策建议

鉴于城市内部高、中集聚区(高、中值区)内部包含大量商业、金融机构与完备的生活、公共等服务设施并汇集大量人口,土地开发强度较大,土地利用相对集约,具有较高的混合功能,城市发展水平较高。因此,基于多维数据重分类结果,计算各组团(城区)内部高、中集聚区总面积及占组团(城区)规划范围(行政边界)的比率,分析不同组团(城区)的发展水平,最后根据重庆、成都两多中心识别结果分析两城市多中心规划效果,并提出政策建议。

6.1　重庆多中心发展与规划效果

6.1.1　不同组团发展情况比较

根据表6-1、图6-1(a),4种维度下各组团发展排名相似,前6位的组团各项排名完全相同,从而间接证明通过计算高、中集聚区的面积占比可以在一定程度上反映各组团的发展水平。整体上城区内环两侧的组团发展差异较大:内环内部的渝中、大杨石与观音桥组团发展水平最高,且明显高于外侧由内环串联的5个组团,整体呈“内高外低”分布模式。其中南坪、沙坪坝、人和发展水平相近,大渡口、李家沱组团次之;内环外,各中心/组团的发展水平具有显著的跳跃性与不均衡性,距离城市核心较远的北碚、空港组团与山水阻隔的西永、茶园副中心的发展水平较为接近,而距离内环较近的礼嘉、蔡家、悦来组团发展相对落后,其余组团发展也有待进一步提高。

表6-1　重庆组团内不同类型面积占比统计

名称	占比/%					排序				
	POI	混合度	热力	容积率	均值	POI	混合度	热力	容积率	均值
渝中	98.70	94.20	99.78	99.01	97.92	1	1	1	1	1
大杨石	83.31	67.00	91.58	97.87	84.94	2	2	2	2	2
观音桥	76.04	63.25	88.52	88.99	79.20	3	3	3	3	3

续表 6-1

名称	占比/%					排序				
	POI	混合度	热力	容积率	均值	POI	混合度	热力	容积率	均值
南坪	56.49	41.35	71.64	69.47	59.74	4	4	4	4	4
沙坪坝	46.70	36.49	64.95	68.42	54.14	5	5	5	5	5
人和	31.51	23.55	53.85	59.05	41.99	6	6	6	6	6
大渡口	22.89	16.93	43.06	51.72	33.65	7	7	8	7	7
李家沱	22.21	15.56	47.93	42.09	31.95	8	8	7	8	8
空港	15.58	11.51	26.89	23.02	19.25	10	9	9	9	9
北碚	20.28	7.23	26.73	18.48	18.18	9	10	10	11	10
礼嘉	4.61	5.25	13.72	20.28	10.97	13	11	13	10	11
西永	6.37	4.70	21.69	10.74	10.88	12	12	11	14	12
茶园	3.63	3.89	17.55	15.98	10.26	14	14	12	12	13
悦来	2.93	2.75	7.34	12.59	6.40	15	16	15	13	14
西彭	6.38	4.29	6.18	7.16	6.00	11	13	16	15	15
蔡家	0.00	1.00	8.46	6.97	4.11	17	17	14	16	16
界石	2.15	3.41	5.10	5.45	4.03	16	15	18	17	17
唐家沱	0.00	0.00	5.67	1.51	1.80	17	20	17	19	18
鱼嘴	0.00	0.92	4.30	1.53	1.69	17	18	19	18	19
龙兴	0.00	0.75	2.09	0.75	0.90	17	19	21	21	20
水土	0.00	0.00	2.32	0.98	0.82	17	20	20	20	21

6.1.2 重庆多中心识别与规划效果分析

根据多维数据分析结果，重庆主城不同要素均具有明显的多中心分布特征，内环以内是人口、POI 等要素的核心集聚区，集聚程度明显高于外围，各主/副中心要素集聚能力、影响范围相近，具有较高的功能混合度，土地利用相对集约。内环以外，新建的西永、茶园副中心要素集聚规模较小、发展相对滞后，空港、北碚、李家沱等组团在某种程度上具有副中心的形态与功能，要素集聚能力、功能混合度与土地开发强度甚至超过茶园、西永等副中心。不同数据维度下，西永、茶园副中心及西彭、北碚组团已经突破中梁山与铜锣山的阻隔呈跳跃式发展。从形态来看，内环以内的副中心距离较近，相互之间具有一定的重叠性。可以预见，研究区将沿袭目前的结构继续向外围扩散，进一步完善多中心、组团式的多中心网络。在不同职能类型上，研究区也呈现出多中心分布特征。商务、金融、公共服务、休闲、居住等不同职能中心的生长模式类似，但发育程度明显不同。根据其空间特征，可分为以下两类生长模式：以副中心为代表的点状生长-融合模式；以居住、服务、休闲等特定功能区为代表的带状延伸生长模式，如空港组团。在发育程度上，内环以内的功能中心相对完善，内环以外的功能中心仍处于生长成熟期。在城市轨道交通的带动下，副中心、组团呈现融合发展趋势。除渝中、西永组团外，各中心/组团在休息日对人口的集聚能力强于工作日。

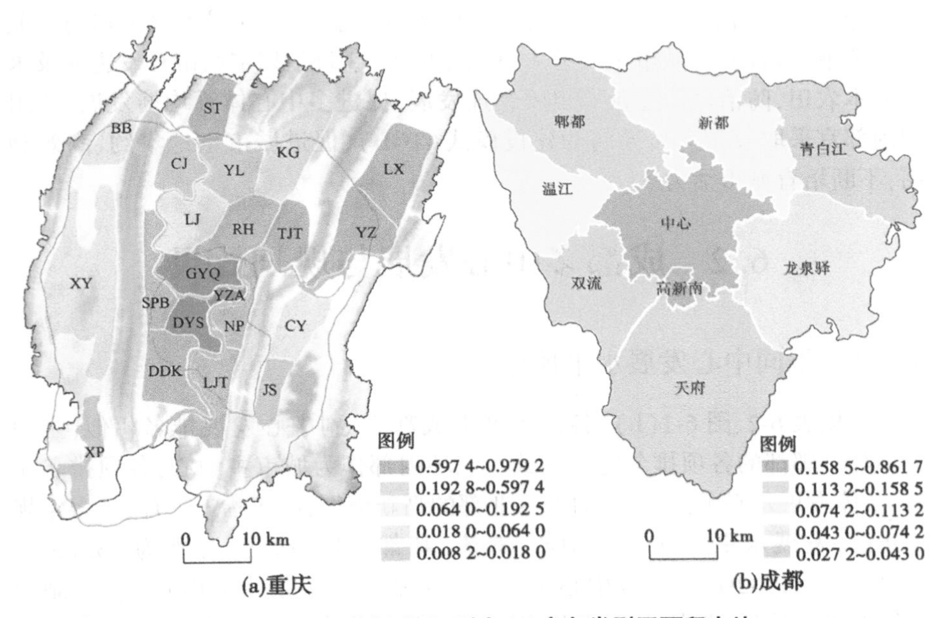

图6-1 重庆、成都组团(副中心)内各类型区面积占比

将本书分析结果与城市规划方案进行对比，结果发现，本研究结果验证了重庆不同要素分布与城市规划设立的多中心发展目标具有相对一致性。研究区“多中心，组团式”结构在某种程度上实现了规划的预期目标。具体来说，内环以内的城市核心区，由于规划较早，经过多轮城市规划的强化，各中心发育程度与要素集聚规模相近，且显著高于内环以外的区域。外围新规划的副中心/组团由于设立时间较短，影响范围较小，发育相对缓慢。目前的主要问题是:①近年来,“两江新区”的设立使城市发展重心北移,北部对人口及不同功能设施的集聚能力超过西部的西永和东部的茶园副中心,空间发展明显失衡。②观音桥、礼嘉、人和、悦来、空港组团出现了黏连发展,城市开发突破了规划设定的绿带隔离边界。③内环两侧的中心/组团发展差距过大。内环以内,各中心组团只占研究区9.3%的用地面积,但承载44%左右的城市人口。其结果是房价持续攀升、交通越发拥堵。而外围占地面积较大,例如茶园、西永副中心及礼嘉、悦来、蔡家、西彭、鱼嘴、唐家沱、界石、龙兴、水土等组团,城市用地开发较快,但产业及人口集聚能力有待加强。④内环外围组团的土地城镇化速度远大于人口城镇化,普遍出现城市蔓延现象,土地利用效率低,各类功能设施不足。

基于上述问题,本书提出以下对策:①应加强内环外各中心/组团的基础设施建设,提升教育、医疗、购物等公共服务设施水平,促进核心区人口与产业向外疏解,减轻原有城市中心的人口承载压力;②科学划定城市开发边界及永久基本农田,防治城市蔓延与组团黏连发展,促进多中心体系均衡发展;③组团内部宜采取公共交通导向的建设模式(TOD),促进城市土地集约、高效利用,不断培育城市活力。

6.2 成都多中心发展与规划效果

6.2.1 不同中心发展水平比较

根据表6-2、图6-1(b),各位维度下成都主、副中心发展排名相似,主中心、双流、郫都的各项排名完全一致。三环内部作为城市主中心,各项排名靠前,整体发展水平最高;新天府新区北部的高新南区,由于临近三环,经多年规划建设,发展水平仅次于主中心;双流、郫都、温江次之,分别为15.85%、13.41%与11.32%,三个副中心区位上相互邻近,且发展水平相近。其余副中心发展水平较低,整体占比未超过10%。经计算各副中心整体占比均值为9.66%,远低于城市中心86.17%,因此中心与外围发展差距过大仍是成都城市建设面临的主要问题。三环外侧,城市西北部(郫都、温江、新都)的整体发展水平高于外围东北(青白江、龙泉驿)及东南片区(双流、天府)。

表6-2 成都不同中心内各类型面积占比

名称	占比/%					排序				
	POI	混合度	热力	容积率	均值	POI	混合度	热力	容积率	均值
主中心	88.00	77.72	93.76	85.19	86.17	1	1	1	2	1
高新南区	77.97	62.67	86.97	85.76	78.34	2	2	2	1	2
双流	16.01	12.86	19.46	15.07	15.85	3	3	3	3	3
郫都	11.89	10.51	19.42	11.83	13.41	4	4	4	4	4
温江	8.70	9.98	15.27	11.33	11.32	6	5	5	5	5
新都	10.34	8.20	11.76	9.03	9.83	5	6	6	6	6
龙泉驿	6.72	5.14	10.79	7.02	7.42	7	8	7	8	7
新天府新区	5.54	5.34	8.58	8.89	7.09	8	7	8	7	8
天府新区	2.71	3.10	5.51	5.88	4.30	10	9	9	9	9
青白江	3.06	2.65	2.96	2.20	2.72	9	10	10	10	10

6.2.2 成都多中心识别与规划效果分析

根据成都主城多源数据计算结果,研究区在4种维度下均表现出明显的多中心特征。三环内是成都主城人口及POI要素的主要集聚区,影响范围最大,功能混合度、容积率及要素集聚程度也显著高于外侧各副中心,并由一环向外圈层式递减。不同功能下,成都主城也表现出明显的多中心结构并具有差异的空间特征:生活、公共、娱乐与居住类主中心圈层式特征明显,而商务、金融类则呈串珠状,由北向南带状延伸。在人口方面,除青白江副中心外,其余中心/副中心在工作日的人口集聚程度大于休息日。

将本书分析结果与2011版城市规划进行对比,发现本研究结果证明成都主城不同要素的空间分布呈明显的多中心特征,“多中心,圈层式”的结构标志着成都主城已完成由单中心向多中心结构的转换,整体上,已形成“1主7副”的多中心结构,主中心位于三环内侧,拥有最高的要素集聚程度与影响范围,土地利用集约,开发强度大,功能混合度高。外围各副中心发展水平相近,要素集聚程度、影响范围与建设规模远低于主中心。目前城市发展面临的主要问题包括:①主、副中心发展不均衡。据统计,老城五区土地面积仅占主城区的 12.62%，但经济、人口分别占主城区的 54.28% 与 49.25%，分别是外围新城均值的 7.12 倍与 5.82 倍，三环内更是集中了全市 38.39% 的功能要素（其中生活类 35.85%、商务类 43.89%、金融类 53.19%、公共服务类 42.01%、休闲类 36.31%、居住类 49.63%），拥有完善的功能与产业，对外围新城形成强烈的虹吸效应，人口、产业等要素不断涌入中心城区，在土地面积有限的情况下极易造成主中心内部规模不经济，影响多中心体系的均衡发展。②主副中心出现黏连发展。从形态上看，四环外各副中心与主中心之间并未形成明显的空间隔离，在郫都、新都、双流与新天府新区方向建成区黏连现象较为突出，如不加以遏制，卫星城向中心靠拢的发展惯性极易加剧主中心的环境、交通、就业等负担，不利于形成功能完善、独立运转的城市副中心，并引发四环两侧新一轮摊大饼式的发展，对现有多中心体系造成破坏。③随着城市建设不断推进，老城区（特别是三环内部）可供建设开发的用地逐渐减少，城市路网增速低于机动车增速，交通供需失衡，城市主中心内部交通矛盾日益尖锐。④三环外侧城市蔓延现象严重。由于成都老城区外围的城市发展并未形成真正的主导方向，导致三环与四环之间的建设用地大多沿交通线向外扩展，并在轴线内自然填充，呈放射状无序蔓延，城市规划设置的楔形绿地受到严重侵蚀，容积率计算结果也证实三环与四环之间的土地利用效率较低，主中心摊大饼式的扩张未受到有效限制。

因此建议：①优化老城区产业结构，提高服务功能与服务能力，疏解三环内过度集中的产业与人口。②加快培育外围副中心商务、金融等第三产业的发展，继续引导副中心内部高技术企业与新建工业项目向工业集中发展区集聚。③注重三环外侧副中心的医疗、教育等公共服务与购物、休闲等生活设施的建设，用以吸引农村人口转移，提高人口集聚度，同时为产业与人口转移提供承载空间。④通过永久基本农田与城市开发边界政策约束外围新城建成区低效扩张，倒逼外围区域提升土地利用强度，促进土地利用高效、集约，通过在副中心之间设置楔形绿带防止建成区摊大饼式发展。

第 7 章　讨论与研究结论

7.1　基于多维大数据的多中心识别方法

本研究创新在于基于 POI、宜出行热力图与城市在线地图建筑边界数据研究多中心城市结构，这一方法可以刻画城市内部不同区域的城市要素聚集度，快速有效地识别城市空间结构，判断不同类型城市功能的空间分布特征，弥补了人口普查、价格、夜灯等常规数据的不足，为日后多中心研究提供新的手段与视角。POI 数据相比于传统土地利用数据，空间分辨率更高，具有良好的时效性与客观性，可以快速、准确地反映城市建设密度、产业聚集程度、功能完善性与设施可达性；宜出行热力图可以精准识别城市人口分布，反映不同区域、不同时段的人口集聚特征。相比于传统普查数据，宜出行热力图的空间分辨率更高，更新频率较快，具有较好的时效性与分析精度；建筑边界数据有利于从三维视角透视城市立体生长，分析不同区域的土地利用强度。更重要的是，三种数据获取成本很低，不仅可用于大量城市的比较研究，也可满足不同尺度的研究需要（社区、街区、城市、城市群）。需要说明的是，POI 数据为空间上的抽象点，并未包含地理实体的范围、体量与等级信息，宜出行数据代表的是某一区域人口的相对密度而不是绝对密度，考虑到手机使用频率，该数据在 09:00-19:00 的获取效果最好。

受数据限制，本研究侧重从形态方面识别多中心结构，对其功能联系与动态演化的分析还有待加强。今后，可以探索 POI 数据的空间赋权方法，提高密度分析的可靠性，并结合手机信令、居民通勤等多源数据，对多中心的形态、功能及其演化规律进行深入分析。在 POI 分类方面，也可根据城市产业分类对 POI 数据进行分类，进而从产业视角透视多中心城市形态。

7.2　研究结论

本书划定重庆、成都主城区为研究区，基于高德地图 POI、腾讯宜出行热力图、城市建筑边界数据及相关规划和统计数据，使用核密度分析、分区统计、剖面分析与平均最近邻分析等方法，从多维视角识别重庆、成都主城的多中心结构，在此基础上比较两城市多中心结构的差异，总结多中心形成的主要原因，最后比较两城市内部各中心（组团）的发展水平，并结合城市规划分析各城市多中心规划效果，为合理引导城市人口分布、优化公共设施配置、科学制定空间规划提供政策依据，对研究区多中心发展具有积极意义。

本书的研究结论如下：

（1）关于山地城市与平原城市多中心测度结果和特征比较，结论如下：重庆主城呈现明显的“多中心、组团式”结构，解放碑主中心及沙坪坝、杨家坪、观音桥、南坪、茶园、西永等副中心的 POI 聚集程度、功能混合度、人口密度、建筑容积率与建设规模相近并高于外侧组团。6 种不同职能类型下，城市空间结构具有明显的多中心分布特征，功能完善的副中心主要分布在内环以内，呈现融合发展趋势。公共、休闲及居住中心发展较快，已经突破山水限制，脱离已有城区不断向外扩散。生活服务中心紧随其后，也呈多中心发展态势。而外围的商务与金融中心发育相对滞后，主要在核心区聚集。总体上，各级中心功能相对完善，外围的西永与茶园副中心发展程度和集聚功能有待加强。

成都主城则表现为“多中心，圈层式”的城市结构，以三环内侧为城市主中心，由一环向外，POI 集聚度、混合度、人口热力与建筑容积率逐层下降，城市副中心的职能由三环外侧的郫都、温江、双流、天府新区、龙泉驿、青白江与新都承担。不同职能类型的空间分布特征与整体类似，其中生活类中心发展较为成熟，在外围新城形成明显次高峰。公共、休闲、居住中心在老城外围的要素集聚能力需进一步加强。商务、金融中心在三环外围发展相对落后，但在地铁 1 号线两侧形成带状高值连绵区。整体上，副中心的要素集聚度、功能混合度、人口密度与土地利用强度均有待提高。

两城市多中心结构在布局、要素集聚与影响范围三个方面具有显著差异，重庆多中心结构较为紧凑，主副中心间距离较近，要素集聚能力相近，规模较为均衡。成都多中心结构相对松散，主、副中心距离较远，主中心的集聚能力与影响范围远超外围副中心。在人口方面，重庆各中心在休息日的人口集聚能力强于工作日，与成都相反。两城市商务、金融中心在各类要素中心中集聚程度最高。

（2）对山地城市与平原城市多中心演化的成因进行分析，结论如下：重庆、成都多中心形成的主要驱动因素包括经济发展、城市规划与自然环境，经济发展与产业结构演进是多中心形成的主要驱动力，多轮城市规划对研究区多中心形成具有引领作用，自然环境是造成两城市多中心差异的根本原因。

(3)对山地城市与平原城市多中心发展与规划效果进行分析,结论如下:重庆、成都多中心结构的发展均达到城市规划的预期目标,重庆内环内各级中心功能相对完善,外围部分组团及西永、茶园副中心发展有待加强,但主城区内部南北发展不平衡,部分郊区组团出现黏连发展,内环外侧有城市蔓延现象是重庆多中心发展面临的主要问题;成都主城则形成明显"主强副弱"的多中心结构,外围副中心的发展水平远低于主中心,成都多中心建设主要面临"中心-外围"发展不平衡、主副中心黏连发展及三环内要素过度集中引起交通拥堵等外部性问题。因此,两城市需重视外侧副中心与组团的公共服务设施建设,疏解城市核心区人口与产业,增强永久基本农田与城市开发边界的刚性约束,注重土地集约利用,促进多中心体系良性发展。

参考文献

[1] AGARWAL A. An Examination of The Determinants of Employment Center Growth: Do Local Policies Play a Role[J]. Journal of Urban Affairs, 2015,37(2):192-206.

[2] AGUILAR A G, HERNANDEZ J. Metropolitan Change and Uneven Distribution of Urban Sub-Centres in Mexico City, 1989-2009[J]. Bulletin of Latin American Research, 2016, 35(2):191-209.

[3] ALIDADI M, DADASHPOOR H. Beyond monocentricity: examining the spatial distribution of employment in Tehran metropolitan region, Iran[J]. International Joutnal of Urban Sciences, 2018,22(1):38-58.

[4] ANAS A, ARNOTT R, SMALL K A. Urban spatial structure[J]. Journal of Economic Literature, 1998,36(3):1426-1464.

[5] ANAS A, KIM I. General equilibrium models of polycentric urban land use with endogenous congestion and job agglomeration[J]. Journal of Urban Economics, 1996,40(2):232-256.

[6] ARRIBAS-BEL D, SANZ-GRACIA F. The validity of the monocentric city model in a polycentric age: US metropolitan areas in 1990, 2000 and 2010[J]. Urban Geography, 2014, 35(7):980-997.

[7] BURGALASSI D, LUZZATI T. Urban spatial structure and environmental emissions: A survey of the literature and some empirical evidence for Italian NUTS 3 regions[J]. Cities, 2015,49:134-148.

[8] BURGER M, MEIJERS E. Form Follows Function? Linking Morphological and Functional Polycentricity[J]. Urban Studies, 2012,49(5):1127-1149.

[9] CAI J, HUANG B, SONG Y. Using multi-source geospatial big data to identify the structure of polycentric cities[J]. Remote Sensing of Environment, 2017,202:210-221.

[10] CAO Z, DERUDDER B, PENG Z. Comparing the physical, functional and knowledge integration of the Yangtze River Delta city-region through the lens of inter-city networks[J]. Cities, 2018,82:119-126.

[11] CATS O, WANG Q, ZHAO Y. Identification and classification of public transport activity centres in Stockholm using passengerflows data[J]. Journal of Transport Geography, 2015,48:10-22.

[12] CHAMPION A G. A changing demographic regime and evolving polycentric urban regions: Consequences for the size, composition and distribution of city populations[J]. Urban Studies, 2001,38(4):657-677.

[13] CHEN Y, LIU X, LI X, et al. Delineating urban functional areas with building-level so-

cial media data: A dynamic time warping (DTW) distance based k-medoids method[J]. Landscape and Urban Planning, 2017,160:48-60.

[14] CHENG H, SHAW D. Polycentric development practice in master planning: the case of China[J]. International Planning Studies, 2018,23(2):163-179.

[15] CLARK C. Unrban Population Densities[J]. Journal of The Royal Statistical Society Series A-Statistics in Society, 1951,114(4):490-496.

[16] CRAIG S G, KOHLHASE J E, PERDUE A W. Empirical Polycentricity: The Complex Relationship Between Employment Centers[J]. Journal of Regional Science, 2016,56(1):25-52.

[17] CRAIG S G, NG P T. Using quantile smoothing splines to identify employment subcenters in a multicentric urban area[J]. Journal of Urban Economics, 2001,49(1):100-120.

[18] De GOEI B, BURGER M J, Van OORT F G, et al. Functional Polycentrism and Urban Network Development in the Greater South East, United Kingdom: Evidence from Commuting Patterns, 1981-2001[J]. Regional Studies, 2010,44(PII 9191311459):1149-1170.

[19] FUJITA M, KRUGMAN P R, VENABLES A J. The spatial economy : cities, regions, and international trade[J]. Mit Press Books, 2011,86(1):283-285.

[20] GARCIA-LOPEZ M, HEMET C, VILADECANS-MARSAL E. Next train to the polycentric city: The effect of railroads on subcenter formation[J]. Regional Science and Urban Economics, 2017,67:50-63.

[21] GIULIANO G, SMALL K A. Subcenters in The Los-Angeles Region[J]. Regional Science and Urban Economics, 1991,21(2):163-182.

[22] GREEN N. Functional polycentricity: A formal definition in terms of social network analysis[J]. Urban Studies, 2007,44(11):2077-2103.

[23] GREENE D L. Urban Subcenters- Recent Trends in Urban Spatial Structure[J]. Growth and Change, 1980,11(1):29-40.

[24] GUASTELLA G, PAREGLIO S. Urban spatial structure and land use fragmentation: the case of Milan FUA[J]. Aestimum, 2016,69:153-164.

[25] HAJRASOULIHA A H, HAMIDI S. The typology of the American metropolis: monocentricity, polycentricity, or generalized dispersion? [J]. Urban Geography, 2017,38(3):420-444.

[26] HARRIS C D, ULLMAN E L. The Nature of Cities[J]. Annals of The American Academy of Political and Social Science, 1945,242:7-17.

[27] HELSLEY R W, SULLIVAN A M. Urban Subcenter Formation[J]. Regional Science and Urban Economics, 1991,21(2):255-275.

[28] HOWARD E. Garden cities of to-morrow[J]. Organization & Environment, 2003,16(1):98-107.

[29] HU L, SUN T, WANG L. Evolving urban spatial structure and commuting patterns: A case study of Beijing, China[J]. Transportation Research Part D-Transport and Environment, 2018,59:11-22.

[30] HUANG D, LIU Z, ZHAO X. Monocentric or Polycentric? The Urban Spatial Structure of Employment in Beijing[J]. Sustainability, 2015,7(9):11632-11656.

[31] JIAO L. Urban land density function: A new method to characterize urban expansion[J]. Landscape and Urban Planning, 2015,139:26-39.

[32] KIM H, LEE N, KIM S. Suburbia in evolution: Exploring polycentricity and suburban typologies in the Seoul metropolitan area,South Korea[J]. Land Use Policy, 2018,75:92-101.

[33] KLOOSTERMAN R C, MUSTERD S. The polycentric urban region: Towards a research agenda[J]. Urban Studies, 2001,38(4):623-633.

[34] KREHL A. Urban spatial structure: an interaction between employment and built-up volumes[J]. Regional Studies Regional Science, 2015,2(1):290-308.

[35] LEE Y, SHIN H. Negotiating the Polycentric City-region: Developmental State Politics of New Town Development in the Seoul Capital Region[J]. Urban Studies, 2012,49(6):1333-1355.

[36] LI J, LONG Y, DANG A. Live-Work-Play Centers of Chinese cities: Identification and temporal evolution with emerging data[J]. Computers Environment and Urban Systems, 2018,71:58-66.

[37] LI Y, LIU X. How did urban polycentricity and dispersion affect economic productivity? A case study of 306 Chinese cities[J]. Landscape and Urban Planning, 2018,173:51-59.

[38] LI Y, MONZUR T. The spatial structure of employment in the metropolitan region of Tokyo: A scale-view[J]. Urban Geography, 2018,39(2):236-262.

[39] LIN D, ALLAN A, CUI J. The impact of polycentric urban development on commuting behaviour in urban China: Evidence from four sub-centres of Beijing[J]. Habitat International, 2015,50:195-205.

[40] LIU X, WANG M. How polycentric is urban China and why? A case study of 318 cities [J]. Landscape and Urban Planning, 2016,151:10-20.

[41] LIU Y, FAN P, YUE W, et al. Impacts of land finance on urban sprawl in China: The case of Chongqing[J]. Land Use Policy, 2018,72:420-432.

[42] LIU Y, YUE W, FAN P, et al. Assessing the urban environmental quality of mountainous cities: A case study in Chongqing, China[J]. Ecological Indicators, 2017,81:132-145.

[43] LIU Z, LIU S. Polycentric Development and the Role of Urban Polycentric Planning in China's Mega Cities: An Examination of Beijing's Metropolitan Area[J]. Sustainability, 2018,10(15885).

[44] LONG Y, GU Y, HAN H. Spatiotemporal heterogeneity of urban planning implementation effectiveness: Evidence from five urban master plans of Beijing[J]. Landscape and Urban Planning, 2012,108(2-4):103-111.

[45] MA Y, LONG Y. Identifying and Evaluating Urban Centers for the Whole China Using Open Data[M]. 2018.

[46] MAOH H F, KORONIOS M, KANAROGLOU P S. Exploring the land development process and its impact on urbanform in Hamilton, Ontario[J]. Canadian Geographer-Geographe Canadien, 2010,54(1):68-86.

[47] MAOH H, KANAROGLOU P. Business establishment mobility behavior in urban areas: a microanalytical model for the City of Hamilton in Ontario, Canada[J]. Journal of Geographical Systems, 2007,9(3):229-252.

[48] MARCINCZAK S, BARTOSIEWICZ B. Commuting patterns and urban form: Evidence from Poland[J]. Journal of Transport Geography, 2018,70:31-39.

[49] MCDONALD J F, MCMILLEN D P. Employment Subcenters and Land Values in A Polycentric Urban Area: The Case of Chicago[J]. Environment and Planning A, 1990,22(12):1561-1574.

[50] MCMILLEN D P, MCDONALD J F. A nonparametric analysis of employment density in a polycentric city[J]. Journal of Rrgional Science, 1997,37(4):591-612.

[51] MCMILLEN D P, MCDONALD J F. Suburban subcenters and employment density in metropolitan Chicago[J]. Journal of Urban Economics, 1998,43(2):157-180.

[52] MCMILLEN D P. Nonparametric employment subcenter identification[J]. Journal of Urban Economics, 2001,50(3):448-473.

[53] MONTEJANO ESCAMILLA J, CAUDILLO COS C, SILVAN CARDENAS J. Contesting Mexico City's alleged polycentric condition through a centrality-mixed land-use composite index[J]. Urban Studies, 2016,53(11):2380-2396.

[54] OKABE A, SATOH T, SUGIHARA K. A kernel density estimation method for networks, its computational method and a GIS-based tool[J]. International Journal of Geographical Iinformation Science, 2009,23(1):7-32.

[55] SALVATI L. The "Sprawl Divide": Comparing models of urban dispersion in mono-centric and polycentric Mediterranean cities[J]. European Urban and Regional Studies, 2016,23(3):338-354.

[56] SINCLAIR-SMITH K. Polycentric development in the Cape Town city-region: Empirical assessment and consideration of spatial policy implications[J]. Development Southern Africa, 2015,32(2):131-150.

[57] SLACH O, IVAN I, ZENKA J, et al. Intra-urban patterns of creative industries in polycentriccity[J]. Geoscape, 2015,9(1):1-16.

[58] SWEET M N, BULLIVANT B, KANAROGLOU P S. Are majorcanadian city-regions monocentric, polycentric, or dispersed? [J]. Urban Geography, 2017,38(3):445-471.
[59] TAUBENBOECK H, STANDFUSS I, WURM M, et al. Measuring morphological polycentricity: A comparative analysis of urban mass concentrations using remote sensing data[J]. Computers Environment and Urban Systems, 2017,64:42-56.
[60] TIMBERLAKE M. The Polycentric Metropolis: Learning from Mega-City Regions in Europe[J]. Journal of The American Planning Association, 2008,74(3):384-385.
[61] WANG D, CHAI Y. The jobs-housing relationship and commuting in Beijing, China: the legacy of Danwei[J]. Journal of Transport Geography, 2009,17(1):30-38.
[62] WEN H, TAO Y. Polycentric urban structure and housingprice in the transitional China: Evidence from Hangzhou[J]. Habitat International, 2015,46:138-146.
[63] YANG L, WANG Y, BAI Q, et al. Urban Form and Travel Patterns by Commuters: Comparative Case Study of Wuhan and Xi′an, China[J]. Journal of Urban Planning and Development, 2018,144(050170141).
[64] YANG Z, REN R, LIU H, et al. Land leasing and local government behaviour in China: Evidence from Beijing[J]. Urban Studies, 2015,52(5):841-856.
[65] YUE W, LIU Y, FAN P. Polycentric urban development: the case of Hangzhou[J]. Envirioment and Planning A, 2010,42(3):563-577.
[66] ZHANG T, SUN B, LI W. The economic performance of urban structure: From the perspective of Polycentricity and Monocentricity[J]. Cities, 2017,68:18-24.
[67] ZHOU S, WU Z, CHENG L. The Impact of Spatial Mismatch on Residents in Low-income Housing Neighbourhoods: A Study of the Guangzhou Metropolis, China[J]. Urban Studies, 2013,50(9):1817-1835.
[68] ZOU Y, MASON R, ZHONG R. Modeling the polycentric evolution of post-Olympic Beijing: an empirical analysis of land prices and development intensity[J]. Urban Geography, 2015,36(5):735-756.
[69] 陈吉煜. 山地城市的蔓延特征及成因研究[D]. 重庆:西南大学, 2018.
[70] 陈玮. 对我国山地城市概念的辨析[J]. 华中建筑, 2001(3):55-58.
[71] 陈蔚珊, 柳林, 梁育填. 基于POI数据的广州零售商业中心热点识别与业态集聚特征分析[J]. 地理研究, 2016,35(4):703-716.
[72] 丁亮, 钮心毅, 宋小冬. 上海中心城就业中心体系测度:基于手机信令数据的研究[J]. 地理学报, 2016,71(3):484-499.
[73] 丁亮, 钮心毅, 宋小冬. 上海中心城区商业中心空间特征研究[J]. 城市规划学刊, 2017(1):63-70.
[74] 冯健. 西方城市内部空间结构研究及其启示[J]. 城市规划, 2005(8):41-50.
[75] 郭洁, 吕永强, 沈体雁. 基于点模式分析的城市空间结构研究:以北京都市区为例

[J]. 经济地理, 2015,35(8):68-74.

[76] 浩飞龙, 王士君, 冯章献, 等. 基于POI数据的长春市商业空间格局及行业分布[J]. 地理研究, 2018,37(2):366-378.

[77] 黄光宇. 山地城市空间结构的生态学思考[J]. 城市规划, 2005(1):57-63.

[78] 黄洁, 王姣娥, 靳海涛, 等. 北京市地铁客流的时空分布格局及特征:基于智能交通卡数据[J]. 地理科学进展, 2018(3):397-406.

[79] 李峰清, 赵民, 吴梦笛, 等. 论大城市"多中心"空间结构的"空间绩效"机理:基于厦门LBS画像数据和常规普查数据的研究[J]. 城市规划学刊, 2017(5):21-32.

[80] 李娟, 李苗裔, 龙瀛, 等. 基于百度热力图的中国多中心城市分析[J]. 上海城市规划, 2016(3):30-36.

[81] 李倢, 中村良平. 城市空间人口密度模型研究综述[J]. 国外城市规划, 2006(1):40-47.

[82] 李伟, 郑新奇. 结合VIIRS和监测数据插值的北京雾霾监测方法[J]. 测绘学报, 2015,44(S1):123-128.

[83] 李欣, 孟德友. 基于路网相关性的分布式增量交通流大数据预测方法[J]. 地理科学, 2017,37(2):209-216.

[84] 李业锦, 张文忠, 田山川, 等. 宜居城市的理论基础和评价研究进展[J]. 地理科学进展, 2008(3):101-109.

[85] 廖和平, 彭征, 洪惠坤, 等. 重庆市直辖以来的城市空间扩展与机制[J]. 地理研究, 2007(6):1137-1146.

[86] 陆大道, 陈明星. 关于"国家新型城镇化规划(2014—2020)"编制大背景的几点认识[J]. 地理学报, 2015,70(2):179-185.

[87] 罗瑾, 刘勇, 岳文泽, 等. 山地城市空间结构演变特征:从沿河谷扩展到多中心组团式扩散[J]. 经济地理, 2013,33(2):61-67.

[88] 罗显正. 多中心城市空间结构的演化及规划干预研究[D]. 重庆:重庆大学, 2014.

[89] 罗震东, 朱查松. 解读多中心:形态、功能与治理[J]. 国际城市规划, 2008(1):85-88.

[90] 穆桂春, 谭术魁. 城市地貌学与平原城市地貌研究[J]. 西南师范大学学报(自然科学版), 1990(4):470-477.

[91] 钮心毅, 丁亮, 宋小冬. 基于手机数据识别上海中心城的城市空间结构[J]. 城市规划学刊, 2014(6):61-67.

[92] 庞娟, 段艳平. 我国城市社会空间结构的演变与治理[J]. 城市问题, 2014(11):79-85.

[93] 秦萧, 甄峰. 大数据与小数据结合:信息时代城市研究方法探讨[J]. 地理科学, 2017,37(3):321-330.

[94] 石伟军. 成都市区域空间结构研究[D]. 成都:四川大学, 2007.

[95] 史新宇. 基于多源轨迹数据挖掘的城市居民职住平衡和分离研究[J]. 城市发展研究, 2016,23(6):142-145.
[96] 舒莺. 重庆主城空间历史拓展演进研究[D]. 重庆:西南大学, 2016.
[97] 孙斌栋, 魏旭红. 上海都市区就业-人口空间结构演化特征[J]. 地理学报, 2014,69(6):747-758.
[98] 王玉祺. 产业结构调整影响的城市空间结构优化研究[D]. 重庆:重庆大学, 2014.
[99] 吴康敏, 张虹鸥, 王洋, 等. 广州市多类型商业中心识别与空间模式[J]. 地理科学进展, 2016,35(8):963-974.
[100] 吴一洲, 赖世刚, 吴次芳. 多中心城市的概念内涵与空间特征解析[J]. 城市规划, 2016(6):23-31.
[101] 吴志强, 叶锺楠. 基于百度地图热力图的城市空间结构研究:以上海中心城区为例[J]. 城市规划, 2016(4):33-40.
[102] 肖夏. 成都市都市区空间结构及演化机制研究[D]. 成都:四川师范大学, 2014.
[103] 姚士谋, 张平宇, 余成, 等. 中国新型城镇化理论与实践问题[J]. 地理科学, 2014,34(6):641-647.
[104] 易峥. 重庆组团式城市结构的演变和发展[J]. 规划师, 2004(9):33-36.
[105] 曾九利. 成都市城市空间结构研究[D]. 重庆:重庆大学, 2006.
[106] 张晨, 周婷. 对平原城市形态特征与结构的初探[J]. 科技信息(学术研究), 2008(25):1-2.
[107] 张亮, 岳文泽, 刘勇. 多中心城市空间结构的多维识别研究:以杭州为例[J]. 经济地理, 2017(6):67-75.
[108] 赵渺希. 多中心城市就业:居住的非完全结构匹配模型[J]. 地理研究, 2017,36(8):1531-1542.
[109] 赵梓渝, 魏冶, 王士君, 等. 有向加权城市网络的转变中心性与控制力测度:以中国春运人口流动网络为例[J]. 地理研究, 2017,36(4):647-660.
[110] 朱猛. 制度与行为视角的城市空间增长研究[D]. 重庆:重庆大学, 2017.
[111] 邹金凤. 城市双核空间结构形成中的产业布局研究[D]. 成都:西南财经大学, 2013.